"十三五"高等院校软件工程开发与设计专业创新系列规划精品教材

软件测试技术

主　编　蔡　娟

副主编　兰娅勋　黄海龙

中国商业出版社

图书在版编目(CIP)数据

软件测试技术 / 蔡娟主编.—北京：中国商业出版社，2024.1(重印)

ISBN 978—7—5044—9312—5

Ⅰ.①软… Ⅱ.①蔡… Ⅲ.①软件—测试

Ⅳ.①TP311.5

中国版本图书馆 CIP 数据核字(2016)第 020788 号

责任编辑：蔡凯

中国商业出版社出版发行

010—63180647　www.c—cbook.com

(100053　北京广安门内报国寺 1 号)

新华书店总店北京发行所经销

北京九州迅驰传媒文化有限公司印刷

＊　＊　＊　＊

787 毫米×1092 毫米　16 开　8.25 印张　150 千字

2016 年 1 月第 1 版　2024 年 1 月第 3 次印刷

定价：29.80 元

＊　＊　＊　＊

(如有印装质量问题可更换)

前　言

在过去的半个世纪，随着社会的不断进步和计算机科学技术的飞速发展，计算机及软件在国民经济和社会生活等方面的应用越来越广泛和深入。作为计算机的灵魂，软件在其中起着举足轻重的作用。软件的失效有可能造成巨大的经济损失，甚至危机人的生命安全。软件开发的各个阶段都需要人的参与。因为人的工作和通信都不可能完美无缺，出现错误是难免的。与此同时，随着计算机所控制的对象的复杂程度不断提高和软件功能的不断增强，软件的规模也在不断增大。人们在软件的设计阶段所犯的错误是导致软件失效的主要原因。软件复杂性是产生软件缺陷的极重要的根源。

作为软件工程重要组成部分的软件测试是软件质量的有力保证。软件测试对于软件质量的重要意义，不仅仅在于发现软件系统中存在的错误，更体现在经过各种测试技术和方法对软件产品进行测试后，可以提高对软件质量的信心。因为无法预知软件中究竟会有多少错误存在，所以即使在测试后仍然无法保证软件系统中不再存在错误。但是，通过软件测试，能够对软件系统出错的可能性以及错误可能导致后果的严重程度能有准确的估量。同样，通过测试可以将存在错误的几率限制于可以接受的程度之内。这些都大大提高了软件质量的可靠性，增加了对软件产品的信心，尤其是对于涉及到高安全性、高可靠性的软件系统。

本书在内容上进行了精心的组织，从概念到方法，再从方法到实践，满足知识层次和逻辑关系的要求，使课程教学和学习更加自然有效。本书全面介绍了软件测试的先进理念和知识体系，演绎了使用软件测试的方法、技术和工具，帮助大家尽快成为优秀的测试工程师。第一章回答了一系列关于软件测试的基本问题，如：为什么要进行软件测试？软件测试是什么？第二章至第六章逐步深入到软件测试领域的各个知识点，包括黑盒测试、白盒测试、测试用例的设计、单元测试、功能测试、系统测试、缺陷报告、测试计划和管理等等。

本书特别重视理论和实践结合，使读者能领会软件测试的思想和方法。本书主编为广州科技职业技术学院蔡娟老师(第三、四、五、六章);副主编为广州科技职业技术学院兰娅勋老师(第一章),广州科技职业技术学院黄海龙老师(第六章);其他参编者包括陈升敏老师和上海泽众科技有限公司的高级工程师陈士强,他们对于本书内容都做出了相应的指导和贡献。

由于作者水平有限,书中难免会存在一些不当和错误之处,恳请读者批评指正。

编　者

2019 年 12 月

目　录

※第 1 章 软件测试概述

严格地说，软件工程是应用计算机科学、数学及管理科学等原理开发软件的工程。通俗地说，软件工程是实现一个大型程序的一套原则方法，即按工程化的原则和方法组织软件开发工作。软件测试是软件工程的一个重要环节，相当于工程领域中的质量检验部分，是提升软件工程质量的重要手段。

本章介绍软件测试的发展史，详细介绍软件测试的目的、原则以及分类，重点对软件测试工具以及自动化测试技术，为后续课程的学习做必要的准备。

◉1.1 软件测试的发展历程

软件测试是伴随着软件的产生而产生的。早期的软件开发过程中，软件规模都很小、复杂程度低，软件开发的过程混乱无序、相当随意，测试的含义比较狭隘，开发人员将测试等同于"调试"，目的是纠正软件中已经知道的故障，常常由开发人员自己完成这部分的工作。对测试的投入极少，测试介入也比较晚，常常是等到形成代码，产品已经基本完成时才进行测试。

到了上世纪 80 年代初期，软件和 IT 行业进入了大发展，软件趋向大型化、高复杂度，软件的质量也越来越重要。这个时候，一些软件测试的基础理论和实用技术开始形成，并且人们开始为软件开发设计了各种流程和管理方法，软件开发的方式也逐渐由混乱无序的开发过程过渡到结构化的开发过程，以结构化分析与设计、结构化评审、结构化程序设计以及结构化测试为特征。人们还将"质量"的概念融入其中，软件测试定义发生了改变，测试不单纯是一个发现错误的过程，而且将测试作为软件质量保证（SQA）的主要职能环节，包含软件质量评价的内容。Bill Hetzel 在《软件测试完全指南》（Complete Guide of Software Testing）一书中指出："测试是以评价一个程序或者系统属性为目标的任何一种活动。测试是对软件质量的度量。"这个定义至今仍被延用。软件开发人员和测试人员开始坐在一起探讨软件工程和测试问题。

软件测试已有了行业标准（IEEE/ANSI），1983 年 IEEE 提出的软件工程术语中给软件测试下的定义是："使用人工或自动的手段来运行或测定某个软件系统的过程，其目的在于检验它是否满足规定的需求或弄清预期结果与实际结果之间的差别。"这个定义明确指出：软件测试的目的是为了检验软件系统是否满足需求。它再也不是一个一次性的，而且只是开发后期的活动，而是与整个开发流程融合成一体。软件测试已成为一个专业，需要运用专门的方法和手段，需要专门人才和专家来承担。

进入上世纪90年代，软件行业开始迅猛发展，软件的规模变的非常大，在一些大型软件开发过程中，测试活动需要花费大量的时间和成本，而当时测试的手段几乎完全都是手工测试，测试的效率非常低；并且随着软件复杂度的提高，出现了很多通过手工方式无法完成测试的情况，尽管在一些大型软件的开发过程中，人们尝试编写了一些小程序来辅助测试，但是这还是不能满足大多数软件项目的统一需要。于是，很多测试实践者开始尝试开发商业化的测试工具来支持测试，辅助测试人员完成某一类型或某一领域内的测试工作，而测试工具逐渐盛行起来。人们普遍意识到，工具不仅仅是有用的，而且要对今天的软件系统进行充分的测试，工具是必不可少的。测试工具可以进行部分的测试设计、实现、执行和比较的工作。通过运用测试工具，可以达到提高测试效率的目的。测试工具的发展，大大提高了软件测试的自动化程度，让测试人员从繁琐和重复的测试活动中解脱出来，专心从事有意义的测试设计等活动。采用自动比较技术，还可以自动完成测试用例执行结果的判断，从而避免人工比对存在的疏漏问题。设计良好的自动化测试，在某些情况下可以实现" 夜间测试 "和" 无人测试 "。在大多数情况下，软件测试自动化可以减少开支，增加有限时间内可执行的测试，在执行相同数量测试时节约测试时间。而测试工具的选择和推广也越来越受到重视。

在软件测试工具平台方面，商业化的软件测试工具已经很多，如捕获/回放工具、Web 测试工具、性能测试工具、测试管理工具、代码测试工具等等，这些都有严格的版权限制且价格较为昂贵，但由于价格和版权的限制无法自由使用，当然，一些软件测试工具开发商对于某些测试工具提供了 Beta 测试版本以供用户有限次数使用。幸运的是，在开放源码社区中也出现了许多软件测试工具，已得到广泛应用而且已经相当成熟和完善。

◎1.2 软件测试的目的

简单地说，软件测试就是为了发现错误而执行程序的过程。在 IEEE 提出的软件工程标准术语中，软件测试被定义为："使用人工和自动手段来运行或测试某个系统的过程，其目的在于检验它是否满足规定的需求或弄清楚预期结果与实际结果之间的差别。"软件测试是与软件质量密切联系在一起的，归根结底，软件测试是为了保证软件质量。软件测试是一个找错的过程。软件测试的过程亦是程序运行的过程。程序运行需要数据，为测试设计的数据称为测试用例。测试用例的设计原则是尽可能暴露程序中的错误。

软件是由人来完成的，所有由人做的工作都不会是完美无缺的。软件开发是个很复杂的过程，期间很容易产生错误。无论是软件从业人员、专家和学者做了多大的努力，软件错误仍然存在。因而大家也得到了一种共识：软件中残存着错误，这是软件的一种属性，是无法改变的。所以通常说软件测试的目的就是为了发现尽可能多的缺陷，并期望通过改错来把缺陷统统消灭，以期提高软件的质量。一个成功的测试用例在于发现了至今尚未发现的缺陷。

软件测试（software testing），描述一种用来促进鉴定软件的正确性、完整性、安全性和质量的过程。换句话说，软件测试是一种实际输出与预期输出间的审核或者比较过程。软件测试的经典定义是：在规定的条件下对程序进行操作，以发现程序错误，衡量软件质量，并对其是否能满足设计要求进行评估的过程。软件测试的目的是以最少的人力、物力和时间找出软件中潜在的各种错误和缺陷，通过修正各种错误和缺陷提高软件质量，回避软件发布后由于潜在的软件缺陷和错误造成的隐患所带来的商业风险。

软件测试是使用人工操作或者软件自动运行的方式来检验它是否满足规定的需求或弄清预期结果与实际结果之间的差别的过程。Glenford J. Myers 曾对软件测试的目的提出过以下观点：

（1）测试是为了发现程序中的错误而执行程序的过程。

（2）好的测试方案是极可能发现迄今为止尚未发现的错误的测试方案。

（3）成功的测试是发现了至今为止尚未发现的错误的测试。

（4）测试并不仅仅是为了找出错误。通过分析错误产生的原因和错误的发生趋势，可以帮助项目管理者发现当前软件开发过程中的缺陷，以便及时改进。

（5）这种分析也能帮助测试人员设计出有针对性的测试方法，改善测试的效率和有效性。

（6）没有发现错误的测试也是有价值的，完整的测试是评定软件质量的一种方法。

（7）另外，根据测试目的的不同，还有回归测试、压力测试、性能测试等，分别为了检验修改或优化过程是否引发新的问题、软件所能达到处理能力和是否达到预期的处理能力等。

软件测试的目的往往包含如下内容：

（1）发现一些可以通过测试避免的开发风险。

（2）实施测试来降低所发现的风险。

（3）确定测试何时可以结束。

（4）在开发项目的过程中将测试看作是一个标准项目。

◉1.3 软件测试的原则

在软件测试过程中，应注意以下几个原则：

（1）测试应该尽早进行，最好在需求阶段就开始介入，因为最严重的错误不外乎是系统不能满足用户的需求。

（2）程序员应该避免检查自己的程序，软件测试应该由第三方来负责。

（3）设计测试用例时应考虑到合法的输入和不合法的输入以及各种边界条件，特殊情况下要制造极端状态和意外状态，如网络异常中断、电源断电等。

（4）应该充分注意测试中的群集现象。

（5）对错误结果要进行一个确认过程。一般由 A 测试出来的错误，一定要由 B 来确认。严重的错误可以召开评审会议进行讨论和分析，对测试结果要进行严格地确认，是否真的存在这个问题以及严重程度等。

（6）制定严格的测试计划。一定要制定测试计划，并且要有指导性。测试时间安排尽量宽松，不要希望在极短的时间内完成一个高水平的测试。

（7）妥善保存测试计划、测试用例、出错统计和最终分析报告，为维护提供方便。

◉1.4 软件测试的分类

软件测试方法很多，不同的出发点划分出不同的测试方法。

（1）从是否关心软件内部结构和具体实现的角度划分

A. 白盒测试

白盒测试又称结构测试或逻辑驱动测试，与黑盒测试功能正好相反，它是知道产品内部工作过程，检测产品内部动作是否按照规格说明书的规定正常进行，按照程序内部的结构测试程序，检验程序中的每条路径是否都能按预订要求正确工作。白盒测试的主要方法有逻辑驱动、代码检查、路径测试等。

白盒测试是基于源代码下的测试，需要了解程序的架构、具体需求以及编写程序的技巧，能够检查一些程序规范、指针、变量、数字越界等问题。可以发现以下类型的错误：变量没有声明、无效引用、数字越界、死循环、函数本身没有析构、参数类型不匹配、调用系统的函数没有考虑到系统的兼容性等。

B. 黑盒测试

黑盒测试也称为功能测试或数据驱动测试，它是通过测试来检测已知产品的功能是否能正常使用。在测试时，把程序看做一个不能打开的黑盒子，在完全不考虑程序内部结构和内部特性的情况下，检查程序功能是否按照需求规格说明书的规定正常使用，程序是否能正确接收输入数据并输出相应正确的输出结果。

黑盒测试可发现以下类型的错误：功能错误、功能遗漏、界面错误、数据结构或外部数据库访问错误、性能错误、初始化和终止错误等。

C. 灰盒测试

灰盒测试，是介于白盒测试与黑盒测试之间的一种测试，灰盒测试多用于集成测试阶段，主要用于测试各个组件之间的逻辑关系是否正确，采用桩驱动，把各个函数按照一定的逻辑串起来，达到在产品还没有界面的情况下输出结果的目的，不仅关注输出、输入的正确性，同时也关注程序内部的情况。灰盒测试不像白盒那样详细、完整，但又比黑盒测试更关注程序的内部逻辑，常常是通过一些表征性的现象、事件、标志来判断内部的运行状态。

(2) 从是否执行程序的角度划分

A. 静态测试

静态测试也称为静态分析，是指不运行被测程序，仅通过分析或检查源程序的语法、结构、过程、接口等来确认程序的正确性。对需求规格说明书、软件设计说明书、源程序做结构分析、流程图分析来查找错误。静态方法通过程序静态特性的分析，找出欠缺和可疑之处，例如不匹配的参数、不适当的循环嵌套和分支嵌套、不允许的递归、未使用过的变量、空指针的引用和可疑的计算等。静态测试结果可用于进一步的查错，并为测试用例选取提供指导。

B. 动态测试

动态测试方法是指通过运行被测程序，检查运行结果与预期结果的差异，并分析运行效率、正确性和健壮性等性能。这种方法由三部分组成：构造测试用例、执行程序、分析程序的输出结果。

(3) 从软件开发的过程按阶段划分

A. 单元测试

单元测试，是指对软件中的最小可测试单元进行检查和验证。对于单元测试中单元的含义，一般来说，要根据实际情况去判定其具体含义，如 C 语言中单元是指一个函数，Java 里单元是指一个类，图形化的软件中可以指一个窗口或一个菜单等。总的来说，单元就是人为规定的最小的被测功能模块。单元测试是在软件开发过程中要进行的最低级别的测试活动，软件的独立单元将在与程序的其他部分相隔离的情况下进行测试。

B. 集成测试

集成测试也叫组装测试、联合测试，是单元测试的逻辑扩展。集成测试是在单元测试的基础上，测试在将所有的软件单元按照概要设计规格说明的要求组装成模块、子系统或系统的过程中各部分工作是否达到或实现相应技术指标及要求的活动。它最简单的形式是：把两个已经测试过的单元组合成一个组件，测试它们之间的接口。

D. 系统测试

系统测试是将经过集成测试的软件，作为计算机系统的一个部分，与系统中其他部分结合起来，在实际运行环境下对计算机系统进行的一系列严格有效的测试，以发现软件潜在的问题，保证系统的正常运行。

E. 验收测试

验收测试是部署软件之前的最后一个测试操作。在软件产品完成了单元测试、集成测试和系统测试之后，产品发布之前所进行的软件测试活动。它是技术测试的最后一个阶段，也称为交付测试。验收测试的目的是确保软件准备就绪，并且可以让最终用户将其用于执行软件的既定功能和任务。

F. 回归测试

回归测试是指修改了旧代码后，重新进行测试以确认修改没有引入新的错误或导致其他代码产生错误。回归测试作为软件生命周期的一个组成部分，在整个软件测试过程中占有很大的工作量比重，软件开发的各个阶段都会进行多次回归测试。在渐进和快速迭代开发中，新版本的连续发布使回归测试进行的更加频繁，而在极端编程方法中，更是要求每天都进行若干次回归测试。

G. Alpha 测试（α 测试）

α 测试是由一个用户在开发环境下进行的测试，也可以是公司内部的用户在模拟实际操作环境下进行的测试。α 测试的目的是评价软件产品的 FLURPS（即功能、局域化、可使用性、可靠性、性能和支持）。尤其注重产品的界面和特色。α 测试可以从软件产品编码结束之时开始，或在模块（子系统）测试完成之后开始，也可以在确认测试过程中产品达到一定的稳定和可靠程度之后再开始。α 测试即为非正式验收测试。

由于本级的测试过程是可重复、已定义、已管理和已测量的，因此软件组织能够优化调整和持续改进测试过程。测试过程的管理为持续改进产品质量和过程质量提供指导，并提供必要的基础设施。

H. Beta 测试

Beta 测试由软件的最终用户们在一个或多个场所进行。与 Alpha 测试不同，开发者通常不在 Beta 测试的现场，因 Beta 测试是软件在开发者不能控制的环境中的"真实"应用。用户 Beta 测试过程中遇到的一切问题（真实的或想像的），并且定期把这些问题报告给开发者。接收到在 Beta 测试期间报告的问题之后，开发者对软件产品进行必要的修改，并准备向全体客户发布最终的软件产品。

测试过程按 4 个步骤进行，即单元测试、集成测试、确认测试和系统测试及发布测试。开始是单元测试，集中对用源代码实现的每一个程序单元进行测试，检查各个程序模块是否正确地实现了规定的功能。集成测试把已测试过的模块组装起来，主要对与设计相关的软件体系结构的构造进行测试。确认测试则是要检查已实现的软件是否满足了需求规格说明中确定了的各种需求，以及软件配置是否完全、正确。系统测试把已经经过确认的软件纳入实际运行环境中，与其他系统成分组合在一起进行测试。

思考题：

1. 软件测试的目的是什么？
2. 按测试技术划分，软件测试分为哪几类？
3. 简单叙述软件测试的原则。

※第2章 软件测试的基本知识

本章介绍了软件测试的模型,详细介绍了软件测试的测试用例,重点介绍软件测试流程的几个阶段;并且简单介绍了测试案例。

◎2.1 软件测试的模型

软件测试模型是软件测试工作的框架,描述了软件测试所包含的主要活动,这些活动之间的相互关系。目前软件测试模型主要有 V 模型、W 模型、H 模型、X 模型和前置模型等。

2.1.1 V 模型

在软件测试方面,V 模型是最广为人知的模型,如图 2 - 1 所示。V 模型已存在了很长时间,和瀑布开发模型有着一些共同的特性,由此也和瀑布模型一样地受到了批评和质疑。V 模型中的过程从左到右,描述了基本的开发过程和测试行为。V 模型的价值在于它非常明确地标明了测试过程中存在的不同级别,并且清楚地描述了这些测试阶段和开发过程期间各阶段的对应关系。

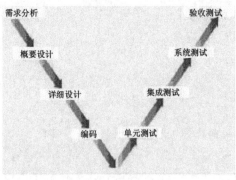

图 2 - 1 V 模型

V 模型具有如下特点：

（1）V 模型是最具有代表意义的测试模型。

（2）V 模型是软件开发瀑布模型的变种，它反映了测试活动与分析和设计的关系。

从左到右，描述了基本的开发过程和测试行为，非常明确地标明了测试过程中存在的不同级别，并且清楚地描述了这些测试阶段和开发过程期间各阶段的对应关系。

左边依次下降的是开发过程各阶段，与此相对应的是右边依次上升的部分，即各测试过程的各个阶段。

同时 V 模型也存在以下问题：

（1）测试是开发之后的一个阶段。

（2）测试的对象就是程序本身。

实际应用中容易导致需求阶段的错误一直到最后系统测试阶段才被发现。

整个软件产品的过程质量保证完全依赖于开发人员的能力和对工作的责任心，而且上一步的结果必须是充分和正确的，如果任何一个环节出了问题，则必将严重地影响整个工程的质量和预期进度。

2.1.2 W 模型

V 模型的局限性在于没有明确地说明早期的测试，无法体现"尽早地和不断地进行软件测试"的原则。在 V 模型中增加软件各开发阶段应同步进行的测试，演化为 W 模型（如下图）。在模型中不难看出，开发是"V"，测试是与此并行的"V"。基于"尽早地和不断地进行软件测试"的原则，在软件的需求和设计阶段的测试活动应遵循 IEEE1012 – 1998《软件验证与确认（V&V）》的原则。

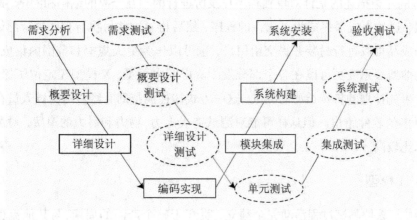

图 2 – 2　W 模型

W 模型由 Evolutif 公司提出，相对于 V 模型，W 模型更科学。W 模型是 V 模型的发展，强调的是测试伴随着整个软件开发周期，而且测试的对象不仅仅是程序，需求、功能和设计同样要测试。测试与开发是同步进行的，从而有利于尽早地发现问题。如图 2-2 所示。

W 模型也有局限性。W 模型和 V 模型都把软件的开发视为需求、设计、编码等一系列串行的活动，无法支持迭代、自发性以及变更调整。

2.1.3 X 模型

X 模型也是对 V 模型的改进，X 模型提出针对单独的程序片段进行相互分离的编码和测试，此后通过频繁的交接，通过集成最终合成为可执行的程序。如图 2-3 所示。

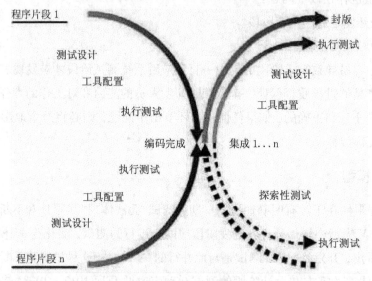

图 2-3　X 模型

X 模型的左边描述的是针对单独程序片段所进行的相互分离的编码和测试，此后将进行频繁的交接，通过集成最终成为可执行的程序，然后再对这些可执行程序进行测试。已通过集成测试的成品可以进行封装并提交给用户，也可以作为更大规模和范围内集成的一部分。多根并行的曲线表示变更可以在各个部分发生。由图中可见，X 模型还定位了探索性测试，这是不进行事先计划的特殊类型的测试，这一方式往往能帮助有经验的测试人员在测试计划之外发现更多的软件错误。但这样可能对测试造成人力、物力和财力的浪费，对测试员的熟练程度要求比较高。

2.1.4 H 模型

H 模型中，软件测试过程活动完全独立，贯穿于整个产品的周期，与其他流程并发地进行，某个测试点准备就绪时，就可以从测试准备阶段进行到测试执行阶段。软件测试可以尽早的进行，并且可以根据被测物的不同而分层次进行。如图 2-4 所示。

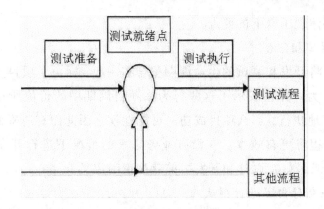

图 2-4 H 模型

这个示意图演示了在整个生产周期中某个层次上的一次测试"微循环"。图中标注的其他流程可以是任意的开发流程,例如设计流程或者编码流程。也就是说,只要测试条件成熟了,测试准备活动完成了,测试执行活动就可以进行行了。

H 模型揭示了一个原理:软件测试是一个独立的流程,贯穿产品整个生命周期,与其他流程并发地进行。H 模型指出软件测试要尽早准备,尽早执行。不同的测试活动可以是按照某个次序先后进行的,但也可能是反复的,只要某个测试达到准备就绪点,测试执行活动就可以开展。

2.1.5 前置模型

前置测试模型则体现了开发与测试的结合,要求对每一个交付内容进行测试。前置测试模型是一个将测试和开发紧密结合的模型,此模型将开发和测试的生命周期整合在一起,随项目开发生命周期从开始到结束每个关键行为。如图 2-5 所示。

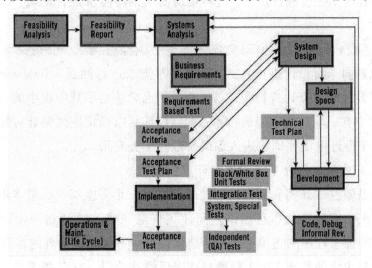

图 2-5 前置模型

前置测试模型体现了以下的要点：

（一）开发和测试相结合

前置测试模型将开发和测试的生命周期整合在一起，标识了项目生命周期从开始到结束之间的关键行为。并且表示了这些行为在项目周期中的价值所在。如果其中有些行为没有得到很好地执行，那么项目成功的可能性就会因此而有所降低。如果有业务需求，则系统开发过程将更有效率。在没有业务需求的情况下进行开发和测试是不可能的。而且，业务需求最好在设计和开发之前就被正确定义。

（二）对每一个交付内容进行测试

每一个交付的开发结果都必须通过一定的方式进行测试。源程序代码并不是唯一需要测试的内容。在图中的绿色框表示了其他一些要测试的对象，包括可行性报告、业务需求说明，以及系统设计文档等。这同 V 模型中开发和测试的对应关系是相一致的，并且在其基础上有所扩展，变得更为明确。

前置测试模型包括 2 项测试计划技术：其中的第一项技术是开发基于需求的测试用例。这并不仅仅是为以后提交上来的程序的测试做好初始化准备，也是为了验证需求是否是可测试的。这些测试可以交由用户来进行验收测试，或者由开发部门做某些技术测试。很多测试团体都认为，需求的可测试性即使不是需求首要的属性，也应是其最基本的属性之一。因此，在必要的时候可以为每一个需求编写测试用例。不过，基于需求的测试最多也只是和需求本身一样重要。一项需求可能本身是错误的，但它仍是可测试的。而且，你无法为一些被忽略的需求来编写测试用例。第二项技术是定义验收标准。在接受交付的系统之前，用户需要用验收标准来进行验证。验收标准并不仅仅是定义需求，还应在前置测试之前进行定义，这将帮助揭示某些需求是否正确，以及某些需求是否被忽略了。

同样的，系统设计在投入编码实现之前也必须经过测试，以确保其正确性和完整性。很多组织趋向于对设计进行测试，而不是对需求进行测试。Goldsmith 曾提供过 15 项以上的测试方法来对设计进行测试，这些组织也只使用了其中很小的一部分。在对设计进行的测试中有一项非常有用的技术，即制订计划以确定应如何针对提交的系统进行测试，这在处于设计阶段并即将进入编码阶段时十分有用。

（三）在设计阶段进行计划和测试设计

设计阶段是做测试计划和测试设计的最好时机。很多组织要么根本不做测试计划和测试设计，要么在即将开始执行测试之间才飞快地完成测试计划和设计。在这种情况下，测试只是验证了程序的正确性，而不是验证整个系统本该实现的东西。

测试有 2 种主要的类型，这 2 种类型都需要测试计划。在 V 模型中，验收测试最早被定义好，并在最后执行，以验证所交付的系统是否真正符合用户业务的需求。与 V 模型不同的是，前置测试模型认识到验收测试中所包含的 3 种成分，其中的 2 种都与业务需求定义相联系：即定义基于需求的测试，以及定义验收标准。但是，第三种则需要等到系统设计完成，因为验收测试计划是由针对按设计实现的系统来进行的一些明确操作定义所组成，这些定义包括：如何判断验收标准已经达到，以及基于需求的测试已算成功完成。

技术测试主要是针对开发代码的测试，例如 V 模型中所定义的动态的单元测试，集成测试和系统测试。另外，前置测试还提示我们应增加静态审查，以及独立的 QA 测试。QA 测试通常跟随在系统测试之后，从技术部门的意见和用户的预期方面出发，进行最后的检查。同样的还有特别测试，我们取名特别测试，并把该名称作为很多测试的一个统称，这些测试包括负载测试、安全性测试、可用性测试等，这些测试不是由业务逻辑和应用来驱动的。

对技术测试最基本的要求是验证代码的编写和设计的要求是否相一致。一致的意思是系统确实提供了要求提供的，并且系统并没有提供不要求提供的。技术测试在设计阶段进行计划和设计，并在开发阶段由技术部门来执行。

（四）测试和开发结合在一起

前置测试将测试执行和开发结合在一起，并在开发阶段以编码－测试－编码－测试的方式来体现。也就是说，程序片段一旦编写完成，就会立即进行测试。通常情况下，先进行的测试是单元测试，因为开发人员认为通过测试来发现错误是最经济的方式。但也可参考 X 模型，即一个程序片段也需要相关的集成测试，甚至有时还需要一些特殊测试。对于一个特定的程序片段，其测试的顺序可以按照 V 模型的规定，但其中还会交织一些程序片段的开发，而不是按阶段完全地隔离。

在技术测试计划中必须定义好这样的结合。测试的主体方法和结构应在设计阶段定义完成，并在开发阶段进行补充和升级。这尤其会对基于代码的测试产生影响，这种测试主要包括针对单元的测试和集成测试。不管在哪种情况下，如果在执行测试之前做一点计划和设计，都会提高测试效率，改善测试结果，而且对测试重用也更加有利。

（五）让验收测试和技术测试保持相互独立

验收测试应该独立于技术测试，这样可以提供双重的保险，以保证设计及程序编码能够符合最终用户的需求。验收测试既可以在实施阶段的第一步来执行，也可以在开发阶段的最后一步执行。

前置测试模型提倡验收测试和技术测试沿循两条不同的路线来进行，每条路线分别地验证系统是否能够如预期的设想进行正常工作。这样，当单独设计好的验收测试完成了系统的验证，我们即可确信这是一个正确的系统。

（六）反复交替的开发和测试

在项目中从很多方面可以看到变更的发生，例如需要重新访问前一阶段的内容，或者是跟踪并纠正以前提交的内容，修复错误，排除多余的成分，以及增加新发现的功能，等等。开发和测试需要一起反复交替地执行。模型并没有明确指出参与的系统部分的大小。这一点和 V 模型中所提供的内容相似。不同的是，前置测试模型对反复和交替进行了非常明确的描述。

（七）发现内在的价值

前置测试能给需要使用测试技术的开发人员、测试人员、项目经理和用户等带来很多不同于传统方法的内在的价值。与以前的方法中很少划分优先级所不同的是，前置测试用较低的成本来及早发现错误，并且充分强调了测试对确保系统的高质量的重要意义。前置测试代表了整个对测试的新的不同的观念。在整个开发过程中，反复使用了各种测试技术以使开发人员、经理和用户节省其时间，简化其工作。

通常情况下，开发人员会将测试工作视为阻碍其按期完成开发进度的额外的负担。然而，当我们提前定义好该如何对程序进行测试以后，我们会发现开发人员将节省至少 20% 的时间。虽然开发人员很少意识到他们的时间是如何分配的，也许他们只是感觉到有一大块时间从重新修改中节省下来可用来进行其他的开发。保守地说，在编码之前对设计进行测试可以节省总共将近一半的时间，这可以从以下方面体现出来。

针对设计的测试编写是检验设计的一个非常好的方法，由此可以及时避免因为设计不正确而造成的重复开发及代码修改。通常情况下，这样的测试可以使设计中的逻辑缺陷凸显出来。另一方面，编写测试用例还能揭示设计中比较模糊的地方。总的来说，如果你不能勾画出如何对程序进行测试，那么程序员很可能也很难确定他们所开发的程序怎样才算是正确的。

测试工作先于程序开发而进行，这样可以明显地看到程序应该如何工作，否则，如果要等到程序开发完成后才开始测试，那么测试只是查验开发人员的代码是如何运行的。而提前的测试可以帮助开发人员立刻得到正确的错误定位。

在测试先于编码的情况下，开发人员可以在一完成编码时就立刻进行测试。而且，他会更有效率，在同一时间内能够执行更多的现成的测试，他的思路也不会因为去搜集测试数据而被打断。

即使是最好的程序员，从他们各自的观念出发，也常常会对一些看似非常明确的设计说明产生不同的理解。如果他们能参考到测试的输入数据及输出结果要求，就可以帮助他们及时纠正理解上的误区，使其在一开始就编写出正确的代码。

前置测试定义了如何在编码之前对程序进行测试设计，开发人员一旦体会到其中的价值，就会对其表现出特别的欣赏。前置方法不仅能节省时间，而且可以减少那些令他们十分厌恶的重复工作。

◎2.2　软件测试的流程

软件测试工作必须要通过制定测试计划、设计测试、实施测试、执行测试、评估测试几个阶段来完成。其流程如图2-6所示。

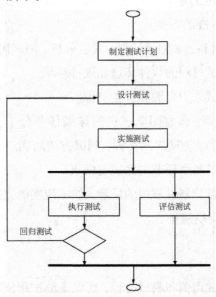

图2-6　软件测试流程

2.2.1　制定测试计划

测试计划是对每个产品，或是对各个开发阶段的产品开展测试的策略。计划的目的是用来识别任务、分析风险、规划资源和确定进度。计划并不是一张时间进度表，而是一个动态的过程，最终以系列文档的形式确定下来。拟定软件测试计划需要测试项目管理人员的积极参与，这是因为主项目计划已经确定了整体项目的一个时间框架，软件测试作为阶段工作必须服从计划和资源上的约定。根据 IEEE829-1998 软件测试文档编制标准的规定，测试计划包含以下要点：

（1）测试计划标识符，由企业生成的唯一标识符，用于标识测试计划的版本、等级以及关联的软件版本。

（2）介绍，主要介绍被测软件的基本情况和测试范围的概况。

（3）测试项，有功能测试、设计测试、整体测试，可参考需求规格说明、用户指南、操作说明。

（4）需要测试的功能，确定测试需求的范围，需求测试项必须是确定的、可观察、可评测、可量化的。

（5）不需要测试的功能，列出本次测试中不纳入测试的功能。

（6）测试策略，是测试计划的核心内容。测试策略描述测试整体和每个阶段的方法。需要考虑模块、功能、系统、版本、压力、性能等各个因素的影响，尽可能地考虑到细节。主要完成测试技术和工具的确定、测试完成标识的确定。

（7）测试通过/失败的标准的定义。

（8）测试进入和退出的标准的定义。

（9）测试完成需提交的材料，如测试计划、需求分析、测试用例、缺陷报告等。

（10）测试环境，包含测试过程的软件环境和硬件环境。

（11）测试资源，明确测试人力资源和设备资源。

（12）任务安排及人员培训，包含团队成员的详细任务分工，确保任务覆盖全部的测试项。团队成员的业务知识培训，测试工具培训，测试方法培训。

（13）进度安排，明确测试各个环节的完成时间点。

（14）风险预估，指出项目计划过程中的风险，如不现实的完成日期、变更复杂、团队人员流动等，并与项目管理人员交换意见。

2.2.2 测试设计

测试设计阶段要设计测试用例和测试过程，要保证测试用例完全覆盖测试需求。设计测试阶段最重要的是如何将测试需求分解，如何设计测试用例。

1. 如何对测试需求进行分解

对测试需求进行分解需要反复检查并理解各种信息，和用户交流，理解他们的要求。可以按照以下步骤执行。

（1）确定软件提供的主要任务。

（2）对每个任务，确定完成该任务所要进行的工作。

（3）确定从数据库信息引出的计算结果。

（4）对于对时间有要求的交易，确定所要的时间和条件。

（5）确定会产生重大意外的压力测试，包括内存、硬盘空间、高的交易率。

（6）确定应用需要处理的数据量。

（7）确定需要的软件和硬件配置。

（8）确定其他与应用软件没有直接关系的商业交易。

（9）确定安装过程。

（10）确定没有隐含在功能测试中的用户界面要求。

2. 如何设计测试用例

测试用例一般指对一项特定的软件产品进行测试任务的描述，体现测试方案、方法、技术和策略。值得提出的是,测试数据都是从数量极大的可用测试数据中精心挑选出具有代表性或特殊性的。测试用例是软件测试系统化、工程化的产物,而测试用例的设计一直是软件测试工作的重点和难点。

设计测试用例即设计针对特定功能或组合功能的测试方案,并编写成文档。测试用例应该体现软件工程的思想和原则。

传统的测试用例文档编写有两种方式。一种是填写操作步骤列表:将在软件上进行的操作步骤一步一步详细记录下来,包括所有被操作的项目和相应的值。另一种是填写测试矩阵:将被操作项作为矩阵中的一个字段,而矩阵中的一条条记录,则是这些字段的值。

评价测试用例的好坏有以下两个标准。

(1)是否可以发现尚未发现的软件缺陷?

(2)是否可以覆盖全部的测试需求?

2.2.3　实施测试

实施测试是指准备测试环境、获得测试数据、开发测试规程,以及为该过程挑选和准备辅助测试工具的过程。

1.准备测试环境

(1)测试技术准备。

(2)配置软件、硬件环境。

(3)人员。

2.获得测试数据。需要测试的常见情形如下。

(1)正常事务的测试。

(2)使用无效数据的测试。

创建测试数据时主要考虑如下步骤。

(1)识别测试资源。

(2)识别测试情形。

(3)排序测试情形。

(4)确定正确的处理结果。

(5)创建测试事务。

确定实际的测试数据时,必须说明处理测试数据的以下 4 个属性。

(1)深度。

(2)宽度。

(3)范围。

(4)结构。

3. 测试脚本概要

所谓脚本，是完整的一系列相关终端的活动。一般测试脚本有 5 个级别，分别是：单元脚本，用于测试特定单元/模块的脚本；并发脚本，用于当两个或多个用户同时访问同一文件时测试的脚本；集成脚本，用于确定各模块是否可以与当前连接；回归脚本，用于确定系统未改变的部分在系统改变时是否改变；强度/性能脚本，用于验证系统在被施加大量事务时的性能。

（1）测试脚本的结构

为了提高测试脚本的可维护性和可复用性，必须在执行测试脚本之前对它们进行构建。

（2）记录技术

为使测试脚本获得更高的可维护性，应该以最不易受测试对象变化影响的方式来记录测试脚本。

（3）数据驱动的测试

许多测试过程包括在给定的数据输入屏幕内输入几组字段数据，检查字段确认功能、错误处理等。

（4）测试脚本同步和时间安排

当进行重点测试时，通常需要同步测试脚本以便它们在预先确定的时间启动。

（5）测试和调试测试脚本

在记录测试脚本的同一测试软件上执行这些最近记录的测试脚本时，不应该发生任何错误。

4. 辅助测试工具

为了实施高效的测试工作，还需要有高效、好用的辅助工具，做软件测试通常需要以下一些基本工具。

（1）优秀的办公处理软件。

（2）秒表。

（3）错误跟踪系统。

（4）自动测试工具。

（5）软件分析工具。

（6）好的操作系统。

（7）多样化平台。

2.2.4 执行测试

执行测试是执行所有的或选定的一些测试用例，并观察其测试结果的过程。尽管为执行测试所做的准备和计划工作会贯穿于软件开发生命周期之中，但是执行测试往往都会在软件开发生命周期的末期，或者接近末期进行，即在编码完成之后进行。由于测试过程一般分成代码审查、单元测试、集成测试、系统测试和验收测试几个阶段，尽管这些阶段在实现细节方面都不相同，但其工作流程方面却是一致的。

执行测试的过程由以下 4 个部分组成。

（1）输入。要完成工作所必须的入口标准或可交付的结果。

（2）执行过程。从输入到输出的过程或工作任务。

（3）检查过程。确定输出是否满足标准的处理过程。

（4）输出。推出标准或工作流程产生的可交付的结果。

执行测试过程如图 2-7 所示。

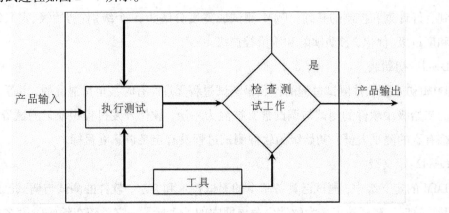

图 2-7　实施测试过程

2.2.5 评估测试

软件测试的主要评测方法包括测试覆盖和质量评测。测试覆盖是对测试完全程度的评测，它是由测试需求和测试用例的覆盖或已执行代码的覆盖表示的。质量评测是对测试对象（系统或测试的应用程序）的可靠性、稳定性以及性能的评测，它建立在对测试结果的评估和对测试过程中确定的变更请求（缺陷）分析的基础上。

1. 覆盖评测

覆盖指标提供了"测试的完全程度如何"这一问题的答案。最常用的覆盖评测是基于需求的测试覆盖和基于代码的测试覆盖。简而言之，测试覆盖是就需求（基于需求的）或代码的设计/实施标准（基于代码的）而言的完全程度的任意评测，如用例的核实（基于需求的）或所有代码行的执行（基于代码的）。

2. 质量评测

测试覆盖的评估提供对测试完全程度的评测，在测试过程中已发现缺陷的评估提供了最佳的软件质量指标。

3. 性能评测

评估测试对象的性能行为时，可以使用多种评测，这些评测侧重于获取与行为相关的数据，如响应时间、计时配置文件、执行流、操作可靠性和限制。

⊙2.3　软件测试的成熟度

许多研究机构和测试服务机构从不同角度出发提出有关软件测试方面的能力成熟度模型，作为 SEI – CMM 的有效补充。本文将详细描述 Burnstein 博士提出的测试成熟度模型 TMM。TMM 依据 CMM 的框架提出测试了 5 个不同级别，它描述了测试过程，是项目测试部分得到良好计划和控制的基础。TMM 测试成熟度分解为 5 个级别：初始级、定义级、集成级、管理和度量级、优化，预防缺陷和质量控制级。

Level1：初始级

TMM 初始级软件测试过程的特点是测试过程无序，有时甚至是混乱的，几乎没有妥善定义的。初始级中软件的测试与调试常常被混为一谈，软件开发过程中缺乏测试资源、工具以及训练有素的测试人员。初始级的软件测试过程没有定义成熟度目标。

Level2：定义级

TMM 的定义级中，测试已具备基本的测试技术和方法，软件的测试与调试已经明确地被区分开。这时，测试被定义为软件生命周期中的一个阶段，它紧随在编码阶段之后。但在定义级中，测试计划往往在编码之后才得以制订，这显然有背于软件工程的要求。

TMM 的定义级中需实现 3 个成熟度目标：制订测试与调试目标、启动测试计划过程、制度化基本的测试技术和方法。

制订测试与调试目标，软件组织必须清晰地区分软件开发的测试过程与调试过程，识别各自的目标、任务和活动。正确区分这两个过程是提高软件组织测试能力的基础。与调试工作不同，测试工作是一种有计划的活动，可以进行管理和控制。这种管理和控制活动需要制订相应的策略和政策，以确定和协调这两个过程。制订测试与调试目标包含 5 个子成熟度目标：

（1）分别形成测试组织和调试组织，并有经费支持。

（2）规划并记录测试目标。

（3）规划并记录调试目标。

（4）将测试和调试目标形成文档，并分发至项目涉及的所有管理人员和开发人员。

（5）将测试目标反映在测试计划中。

启动测试计划过程，制订计划是使一个过程可重复、可定义和可管理的基础。测试计划应包括测试目的、风险分析、测试策略以及测试设计规格说明和测试用例。此外，测试计划还应说明如何分配测试资源，如何划分单元测试，集成测试，系统测试和验收测试的任务。启动测试计划过程包含 5 个子目标：

（1）建立组织内的测试计划组织并予以经费支持。

（2）建立组织内的测试计划政策框架并予以管理上的支持。

（3）开发测试计划模板并分发至项目的管理者和开发者。

（4）建立一种机制，使用户需求成为测试计划的依据之一。

（5）评价、推荐和获得基本的计划工具并从管理上支持工具的使用。

制度化基本的测试技术和方法，为改进测试过程能力，组织中需应用基本的测试技术和方法，并说明何时和怎样使用这些技术、方法和支持工具。将基本测试技术和方法制度化有 2 个子目标：

（1）在组织范围内成立测试技术组，研究、评价和推荐基本的测试技术和测试方法，推荐支持这些技术与方法的基本工具。

（2）制订管理方针以保证在全组织范围内一致使用所推荐的技术和方法。

Level3：集成级

在集成级，测试不仅仅是跟随在编码阶段之后的一个阶段，它已被扩展成与软件生命周期融为一体的一组已定义的活动。测试活动遵循软件生命周期的 V 字模型。测试人员在需求分析阶段便开始着手制订测试计划，并根据用户或客户需求建立测试目标，同时设计测试用例并制订测试通过准则。在集成级上，应成立软件测试组织，提供测试技术培训，关键的测试活动应有相应的测试工具予以支持。在该测试成熟度等级上，没有正式的评审程序，没有建立质量过程和产品属性的测试度量。集成级要实现 4 个成熟度目标，它们分别是：建立软件测试组织、制订技术培训计划、软件全寿命周期测试、控制和监视测试过程。

建立软件测试组织，软件测试的过程及质量对软件产品质量有直接影响。由于测试往往是在时间紧、压力大的情况下所完成的一系列复杂的活动，因此应由训练有素的专业人员组成测试组。测试组要完成与测试有关的多种活动，包括负责制订测试计划，实施测试执行，记录测试结果，制订与测试有关的标准和测试度量，建立测试数据库，测试重用，测试跟踪以及测试评价等。建立软件测试组织要实现 4 个子目标：

（1）建立全组织范围内的测试组，并得到上级管理层的领导和各方面的支持，包括经费支持。

（2）定义测试组的作用和职责。

（3）由训练有素的人员组成测试组。

（4）建立与用户或客户的联系，收集他们对测试的需求和建议。

制订技术培训计划，为高效率地完成好测试工作，测试人员必须经过适当的培训。制订技术培训规划有 3 个子目标：

（1）制订组织的培训计划，并在管理上提供包括经费在内的支持。

（2）制订培训目标和具体的培训计划。

（3）成立培训组，配备相应的工具、设备和教材。

软件全生命周期测试，提高测试成熟度和改善软件产品质量都要求将测试工作与软件生命周期中的各个阶段联系起来。该目标有 4 个子目标：

（1）将测试阶段划分为子阶段，并与软件生命周期的各阶段相联系。

（2）基于已定义的测试子阶段，采用软件生命周期 V 字模型。

（3）制订与测试相关的工作产品的标准。

（4）建立测试人员与开发人员共同工作的机制。这种机制有利于促进将测试活动集成于软件生命周期中。

控制和监视测试过程，软件组织需采取相应措施，如：制订测试产品的标准，制订与测试相关的偶发事件的处理预案，确定测试里程碑，确定评估测试效率的度量，建立测试日志等。控制和监视测试过程有 3 个子目标：

（1）制订控制和监视测试过程的机制和政策。

（2）定义，记录并分配一组与测试过程相关的基本测量。

（3）开发，记录并文档化一组纠偏措施和偶发事件处理预案，以备实际测试严重偏离计划时使用。

在 TMM 的定义级，测试过程中引入计划能力，在 TMM 的集成级，测试过程引入控制和监视活动。两者均为测试过程提供了可见性，为测试过程持续进行提供保证。

Level4：管理和度量级

在管理和度量级，测试活动除测试被测程序外，还包括软件生命周期中各个阶段的评审、审查和追查，使测试活动涵盖了软件验证和软件确认活动。根据管理和度量级的要求，软件工作产品以及与测试相关的工作产品，如测试计划、测试设计和测试步骤都要经过评审。因为测试是一个可以量化并度量的过程。为了测量测试过程，测试人员应建立测试数据库。收集和记录各软件工程项目中使用的测试用例，记录缺陷并按缺陷的严重程度划分等级。此外，所建立的测试规程应能够支持软件最终对测试过程的控制和度量。管理和测量级有 3 个要实现的成熟度目标：建立组织范围内的评审程序、建立测试过程的测量程序、软件质量评价。

建立组织范围内的评审程序，软件组织应在软件生命周期的各阶段实施评审，以便尽早有效地识别、分类和消除软件中的缺陷。建立评审程序有 3 个子目标：

（1）管理层要制订评审政策支持评审过程。

（2）测试组和软件质量保证组要确定并文档化整个软件生命周期中的评审目标、评审计划、评审步骤以及评审记录机制。

（3）评审项由上层组织指定。通过培训参加评审的人员，使他们理解和遵循相同的评审政策、评审步骤。

建立测试过程的测量程序，是评价测试过程质量、改进测试过程的基础，对监视和控制测试过程至关重要。测量包括测试进展、测试费用、软件错误和缺陷数据以及产品测量等。建立测试测量程序有 3 个子目标：

(1)定义组织范围内的测试过程的测量政策和目标。

(2)制订测试过程测量计划。测量计划中应给出收集、分析和应用测量数据的方法。

(3)应用测量结果制订测试过程改进计划。

软件质量评价，包括定义可测量的软件质量属性，定义评价软件工作产品的质量目标等项工作。软件质量评价有 2 个子目标：

(1)管理层，测试组和软件质量保证组要制订与质量有关的政策，质量目标和软件产品质量属性。

(2)测试过程应是结构化，已测量和已评价的，以保证达到质量目标。

Level5：优化，预防缺陷和质量控制级

由于本级的测试过程是可重复、已定义、已管理和已测量的，因此软件组织能够优化调整和持续改进测试过程。测试过程的管理为持续改进产品质量和过程质量提供指导，并提供必要的基础设施。优化、预防缺陷和质量控制级有 3 个要实现的成熟度目标：

应用过程数据预防缺陷，此时的软件组织能够记录软件缺陷，分析缺陷模式，识别错误根源，制订防止缺陷再次发生的计划，提供跟踪这种活动的办法，并将这些活动贯穿于全组织的各个项目中。应用过程数据预防缺陷有 4 个成熟度子目标：

(1)成立缺陷预防组。

(2)识别和记录在软件生命周期各阶段引入的软件缺陷和消除的缺陷。

(3)建立缺陷原因分析机制，确定缺陷原因。

(4)管理、开发和测试人员互相配合制订缺陷预防计划，防止已识别的缺陷再次发生。缺陷预防计划要具有可跟踪性。

质量控制在本级，软件组织通过采用统计采样技术，测量组织的自信度，测量用户对组织的信赖度以及设定软件可靠性目标来推进测试过程。为了加强软件质量控制，测试组和质量保证组要有负责质量的人员参加，他们应掌握能减少软件缺陷和改进软件质量的技术和工具。支持统计质量控制的子目标有：

(1)软件测试组和软件质量保证组建立软件产品的质量目标，如：产品的缺陷密度，组织的自信度以及可信赖度等。

(2)测试管理者要将这些质量目标纳入测试计划中。

(3)培训测试组学习和使用统计学方法。

(4)收集用户需求以建立使用模型。

优化测试过程在测试成熟度的最高级，已能够量化测试过程。这样就可以依据量化结果来调整测试过程，不断提高测试过程能力，并且软件组织具有支持这种能力持续增长的基础

设施。基础设施包括政策、标准、培训、设备、工具以及组织结构等。优化测试过程包含：

（1）识别需要改进的测试括动。

（2）实施改进。

（3）跟踪改进进程。

（4）不断评估所采用的与测试相关的新工具和新方法。

（5）支持技术更新。

测试过程优化所需子成熟度目标包括：

（1）建立测试过程改进组，监视测试过程并识别其需要改进的部分。

（2）建立适当的机制以评估改进测试过程能力和测试成熟度的新工具和新技术。

（3）持续评估测试过程的有效性，确定测试终止准则。终止测试的准则要与质量目标相联系。

⊙ 2.4 测试用例设计

测试用例是为特定的目的而设计的一组测试输入、执行条件和预期的结果。测试用例是执行的最小实体。简单地说，测试用例就是设计一个场景，软件程序在设定的场景下，必须能够正常运行并且达到程序所设计的执行结果。

2.4.1 测试用例概述

测试用例是指对一项特定的软件产品进行测试任务的描述，体现测试方案、方法、技术和策略。内容包括测试目标、测试环境、输入数据、测试步骤、预期结果、测试脚本等，最终形成文档。在测试时，不可能进行穷举测试，为了节省时间和资源，提高测试效率，必须要从数量极大的可用测试数据中精心挑选出具有代表性或特殊性的测试数据来进行测试。测试用例具备以下特点：

（1）最有可能抓住错误的。

（2）不是重复的、多余的。

（3）一组相似测试用例中最有效的。

（4）既不是太简单，也不是太复杂。

（5）有效的，可执行的，有期望结果。

测试用例的作用主要体现在指导测试的实施，作为实施测试的标准，测试人员必须严格按照测试用例的步骤逐一实施测试，并记录测试执行的结果，形成执行记录；规划测试数据的准备，根据测试用例准备正常的数据及大量的边缘数据和错误数据；评估测试结果的度量基准，衡量测试质量的量化数据结果，如用测试覆盖率，用例通过率，缺陷的产生数量;分析缺陷的标准,通过收集缺陷,对比测试用例和缺陷数据库,分析是遗漏还是缺陷复现。

按照测试阶段来划分,测试用例主要有如下几种:

(1)功能测试用例。包含功能测试、健壮性测试、可靠性测试。

(2)性能测试用例。包含性能测试、压力测试、强度测试。

(3)集成测试用例。包含接口测试、健壮性测试、可靠性测试。

(4)安全测试用例。

(5)用户界面测试用例。用户界面测试用例、少量功能测试用例。

(6)安装/反安装测试用例。

测试种类、阶段和用例的关系如表 2 - 1 所示。

表 2 - 1　　　　　　　　测试阶段与测试用例关系列表

测试阶段	测试类型	执行人员
单元测试	独立模块代码逻辑测试,路径测试	开发人员,测试人员
集成测试	接口测试,包含部分功能测试	开发人员,测试人员
系统测试	功能测试,性能测试,安全性测试,压力测试,可靠性测试,安装测试	测试人员
验收测试	文档测试,功能验证	测试人员,用户

测试工作和开发通常一同进行,所以在完成测试计划编写后,就可以进行用例的编写工作了。

2.4.2　测试用例设计的原则

测试用例设计的最基本要求:覆盖所要测试的所有功能。要能够达到切实覆盖全面,需要对被测试产品功能的全面了解、明确测试范围(特别是要明确哪些是不需要测试的)、具备基本的测试技术(如:等价类划分等)等。那么满足了上述这条要求是不是设计出来的测试用例就是好的测试用例了呢? 答案:在理论上是,但在实际工程中还远远不是。之所以理论和实际会有这样的差别,是因为在理论上不需要考虑的因素,而在实际工程中是不得不考虑的即成本。这里的成本包括:测试计划成本、测试执行成本、自动化测试用例、测试自动化成本,测试分析成本,以及测试实现技术局限、测试环境的 Bug、人为因素和不可预测的随机因素等引入的附加成本等。

以下是实际工程中测试用例设计的原则:

(1)单个用例覆盖最小化原则。用例覆盖最小化使得测试用例的覆盖边界定义更清晰、测试结果对产品问题的指向性更强、测试用例间的耦合度最低,彼此之间的干扰也就越低、测试用例的调试、分析和维护成本最低。

（2）测试用例具有代表性。能够代表并覆盖各种合理的和不合理、合法的和非法的、边界的和越界的，以及极限的输入数据、操作和环境设置等。

（3）测试结果具有可判定性。即测试执行结果的正确性是可判定的，每一个测试用例都应有相应的期望结果。

（4）测试结果具有可再现性。即对同样的测试用例，系统的执行结果应当是相同的。

2.4.3 测试用例的设计步骤

测试按照阶段分为单元测试、集成测试以及系统测试。而各阶段都有相应的测试用例。这里，以单元测试的用例设计为依据来说明测试用例的设计步骤。

单元测试说明实际上由一系列单元测试用例组成，每个测试用例应该包含以下4个关键元素。

（1）被测单元模块初始状态声明，即测试用例的开始状态（仅适用于被测单元维持了调用间状态的情况）。

（2）被测单元的输入，包含由被测单元读入的任何外部数据值。

（3）该测试用例实际测试的代码，用被测单元的功能和测试用例设计中使用的分析来说明，如单元中哪一个决策条件被测试。

（4）测试用例的期望输出结果。测试用例的期望输出结果总是应该在测试进行之前在测试说明中定义。

下面说明测试用例的设计步骤。

步骤1：使被测单元运行。这个阶段适合的技术有：

（1）模块设计导出的测试。

（2）对等区间划分。

步骤2：正面测试（Positive Testing）。这个阶段适合的技术有：

（1）设计说明导出的测试。

（2）等价类分析。

（3）状态转换测试。

步骤3：负面测试（Negative Testing）。这个阶段适合的技术有：

（1）错误猜测。

（2）边界值分析。

（3）内部边界值测试。

（4）状态转换测试。

步骤4：需求中其他测试特性用例设计。这个阶段适合的技术有：设计说明导出的测试。

步骤5：覆盖率测试用例设计。这个阶段适合的技术有：

（1）分支测试；

（2）条件测试；

（3）数据定义——使用测试；

（4）状态转换测试。

步骤6：测试执行。

步骤7：完善代码覆盖。这个阶段适合的技术有：

（1）分支测试。

（2）条件测试。

（3）设计定义—— 试验测试。

（4）状态转换测试。

最后，总结一下用例设计的一般原则。通常应该避免依赖先前测试用例的输出，测试用例的执行序列早期发现的错误可能导致其他的错误而减少测试执行时实际测试的代码量。测试用例设计过程中，包括作为试验执行这些测试用例时，常常可以在软件构建前就发现BUG。还有可能在测试设计阶段比测试执行阶段发现更多的BUG。在整个单元测试设计中，主要的输入应该是被测单元的设计文档。在某些情况下，需要将试验实际代码作为测试设计过程的输入，测试设计者必须意识到不是在测试代码本身。

2.4.4 测试用例的编写

测试用例的编写包括：用例名、用例 ID、编写人、用例步骤、预期结果、评审、关联需求等。测试用例的编写参考表2－2。

表2－2　测试用例编写表

用例名		用例编号	
编写人		编写时间	
评审人		评审时间	
前提条件			
用例步骤：			
预期结果			
执行结果			
执行人		执行时间	

2.4.4 测试用例的管理

可以把测试用例看成程序——测试工程师编写的程序,这个程序也要经过"设计"、"开发"、"测试"、"版本管理"、"发布"、"维护"等一系列操作。

1.用例评审。有效的用例评审通常由下面两种形式组成。

(1)测试部门外部评审。

(2)测试部门内部评审。

通常情况下先执行内部评审,然后执行外部评审。很多时候,内部评审会被忽略,建议要进行内部评审。

2.用例管理

版本管理是用例管理的核心部分,建议采用工具(例如 Visual SourceSafe)对用例进行控制。建议用例参照图 2 - 8 进行管理。

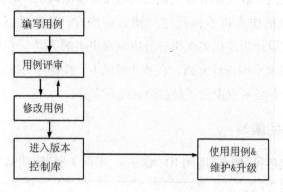

图 2 - 8   用例管理示意图

思考题:

1.简述软件测试的步骤和测试过程。

2.测试计划的内容包括什么?

3.软件测试模型有几种?其中各自的优点是什么?

4.测试用例的定义及其设计步骤。

※ 第 3 章　白盒测试

本章讲述白盒测试，详细介绍白盒测试的相关概念。重点介绍白盒测试中的静态代码检查，程序插桩技术，逻辑覆盖，包括语句覆盖、判定覆盖、条件覆盖、条件判定覆盖、条件组合覆盖，路径覆盖测试方法。最后介绍白盒测试工具 CodeAnalyzer。

◎ 3.1　白盒测试概述

白盒测试(white – box testing)又称透明盒测试(glass box testing)、结构测试(structural tes-ting)等，软件测试的主要方法之一，也称结构测试、逻辑驱动测试或基于程序本身的测试。测试应用程序的内部结构或运作，而不是测试应用程序的功能(即黑盒测试)。在白盒测试时，以编程语言的角度来设计测试案例。测试者输入数据验证数据流在程序中的移动路径，并确定适当的输出，类似测试电路中的节点。测试者了解待测试程序的内部结构、算法等信息，这是从程序设计者的角度对程序进行的测试。

白盒测试可以应用于单元测试(unit testing)、集成测试(integration testing)和系统的软件测试流程，可测试在集成过程中每一单元之间的路径，或者主系统跟子系统中的测试。

白盒测试分为静态测试和动态测试。静态测试不要求在计算机上实际执行所测程序，主要以一些人工的模拟技术对软件进行分析和测试；动态测试是通过输入一组预先按照一定的测试准则构造的实例数据来动态运行程序，而达到发现程序错误的过程。在动态分析技术中，最重要的技术是路径和分支测试。

◎ 3.2　静态代码检查

代码检查包括代码检查、代码走查、代码评审等，主要检查代码和设计的一致性，代码对标准的遵循、可读性，代码的逻辑表达的正确性，代码结构的合理性等方面；可以发现违背程序编写标准的问题，程序中不安全、不明确和模糊的部分，找出程序中不可移植部分、违背程序编程风格的问题，包括变量检查、命名和类型审查、程序逻辑审查、程序语法检查和程序结构检查等内容。

　　代码检查。代码检查是以组为单位阅读代码，它是一系列规程和错误检查技术的集合。对代码检查的大多数讨论都集中在代码编写规范、代码结构缺陷、代码数据流程等。进行代码检查时主要进行两项活动：由程序编码人员逐条语句讲述程序的逻辑结构。在讲述的过程中很可能是程序编码人员本人而不是其他人发现了大部分错误；参考常见的编码错误列表分析程序。

表 3-1　　　　　　　　　　　　　　　常见编码错误列表

数据引用错误	1. 是否有引用的变量未赋值或未初始化 2. 下标值是否在范围内 3. 是否存在非整数下标 4. 是否传递参数 5. 结构定义是否匹配 6. 索引或下标操作是否有相差的错误
数据声明错误	1. 所有的变量是否已声明 2. 数组和字符串的初始化是否正确 3. 变量是否赋予了正确的长度、类型和存储类 4. 是否有相似的变量名
比较错误	1. 是否存在不同类型变量间的比较 2. 比较运算符是否正确 3. 布尔表达式是否正确 4. 操作符的优先顺序是否理解正确
控制流程错误	1. 分支路径有没有多余 2. 循环有没有跳出条件 3. 循环有没有进入条件 4. 判断条件是不是有限
接口错误	1. 形参的数量和实参的数量是否相等 2. 形参和实参的属性是否匹配 3. 参数传递属性是否匹配 4. 全局变量定义在模块之间是否一致

代码走查。代码走查是以开发人员组成的小组为单位进行的。代码走查前，与会人员要准备一些结构简单、数量较少、数据简单的测试用例，把测试数据沿程序的逻辑结构走一遍。测试用例的作用是提供了启动代码走查和质疑程序员逻辑思路及其设想的手段，主要检查的是逻辑错误和代码是否符合标准、规范和风格等错误。

代码评审。代码评审是一种依据程序整体质量、可维护性、可扩展性、易用性和清晰性对程序进行评价的技术。评审以组为单位采用讲解、提问、使用检查表进行，成员包括开发人员、测试人员及其他项目相关人员。一般有正式的计划、流程和结果报告。评审过程中主要关注程序是否易于理解、高层次的设计是否可见且合理、低层次的设计是否可见且合理、程序修改难度等。

⊙3.3　程序插桩技术

软件动态测试中，插桩测试是一个被广泛应用的测试方法。插桩测试就是向源程序中插入特定的代码语句然后执行程序，通过打印语句，获得程序语句执行、变量变化等信息。程序插桩根据插桩的时间可分为目标代码插桩和源代码插桩。

目标代码插桩：目标代码插桩的前提是对目标代码进行必要的分析以确定需要插桩的地点和内容。由于目标代码的格式主要和操作系统相关，和具体的编程语言及版本无关，所以得到了广泛的应用，尤其是在需要对内存进行监控的软件中。但是由于目标代码中语法、语义信息不完整，而插桩技术需要对代码词法语法的分析有较高的要求，故在覆盖测试工具中多采用源代码插桩。

源代码插桩：源代码插桩是在对源文件进行完整的词法分析和语法分析的基础上进行的，这就保证对源文件的插桩能够达到很高的准确度和针对性。但是源代码插桩需要接触到源代码，使得工作量较大，而且随着编码语言和版本的不同需要做一定的修改。在后面我们所提到的程序插桩均指源代码插桩。

程序插桩：是借助往被测程序中插入操作，来实现测试目的的方法。程序插桩的基本原理是在不破坏被测试程序原有逻辑完整性的前提下，在程序的相应位置上插入一些探针。这些探针本质上就是进行信息采集的代码段，可以是赋值语句或采集覆盖信息的函数调用。通过探针的执行并输出程序的运行特征数据。基于对这些特征数据的分析，揭示程序的内部行为和特征。

设计插桩程序时需要考虑的问题：

（1）明确要探测哪些信息。

（2）在程序的什么部位设置探测点。

（3）需要设计多少个探测点。

在实际测试中，探测点的位置一般设置在以下各点（不同的程序语言会有部分差别）：

（1）程序块的第一个可执行语句之前。

（2）entry 语句的前后。

（3）有标号的可执行语句处。

（4）循环语句之后。

（5）条件语句之后。

（6）go to 语句之后。

⊙3.4　逻辑覆盖

　　逻辑覆盖测试是设计白盒测试方案的一种技术，是按照程序内部逻辑结构设计测试用例的测试方法，目的是测试程序中的判定和条件。逻辑覆盖方法包括语句覆盖、判定覆盖、条件覆盖、条件判定覆盖、条件组合覆盖。

　　先看一段 C 语言源代码的例子：

```
1  /*
2   *  逻辑覆盖测试范例
3   *  C源程序代码
4   */
5  int Example(_int a、int b)
6  {
7      int c=0;
8      if(a> && b>0)
9      {
10         c=a+b+5;        //语句块1
11     }
12     else
13     {
14         c=a+b-5;        //语句块2
15     }
16     if(c<0)
17     {
18         c=0;            //语句块3
19     }
20     return c;           //语句块4
21 }
```

图3-1　C语言源程序代码

源代码流程图如下:

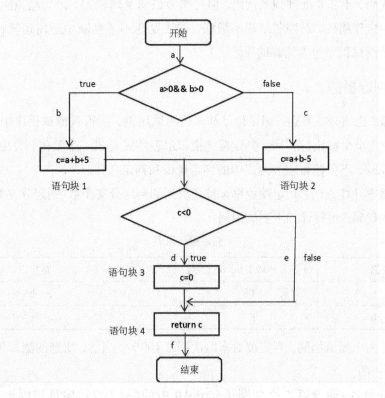

图 3 - 2　源代码流程图

3.4.1 语句覆盖

语句覆盖,即设计尽少量的测试用例,运行被测程序,使得程序中每一可执行语句至少执行一次。

语句覆盖率计算方法:语句覆盖率 = 被评价到的语句数量/可执行的语句总数 × 100%。

根据示例代码,可设计如下测试用例:

{a = 2,b = 3},可执行到语句块 1 和语句块 4,执行路径为 a – b – e – f。

{a = – 3,b = 0},可执行到语句块 2、语句块 3 和语句块 4,执行路径为 a – c – d – f。

通过以上两个测试用例,语句覆盖率即达到了 100%,当然,所选的测试用例(测试用例组)并不是唯一的。

测试的充分性:假设第一个判断语句 if(a > 0 && b > 0)中的"&&"被程序员错误地写成了"||",即 if(a > 0 || b > 0),使用上面设计出来的一组测试用例来进行测试,仍然可以达到 100% 的语句覆盖,所以语句覆盖无法发现上述的逻辑错误。

语句覆盖测试方法仅仅针对程序逻辑中的显式语句,对隐藏条件无法测试,不能全面检验每一条语句,因此无法发现程序中某些逻辑运算符合逻辑条件的错误。语句覆盖可以直接应用于目标代码,不需要处理预案代码,但是作为最弱逻辑覆盖,语句覆盖除了对检查不可执行语句有一定作用外,对控制结构不敏感,往往发现不了判断中逻辑运算符出现的错误,并不能排除被测试程序包含错误的风险。

3.4.2 判定覆盖

判定覆盖,也叫分支覆盖,即设计足够多的测试用例,使得被测试程序中的每个判断的"真"、"假"分支至少被执行一次。判定覆盖把布尔表达式看成一个整体,关注的是判定的结果为 true 或 false,不关注布尔表达式中的判定逻辑和判定条件。

判定覆盖率计算方法:判定覆盖率 = 被评价到的判定分支个数/判定分支的总数 ×100%

根据示例代码,可设计如下测试用例:

表 3-2　　　　　　　　　　判定覆盖用例

数据	a > 0 && b > 0	c < 0	路径
{ a = 2, b = 3 }	T	F	a－b－e－f
{ a = 0, b = 3 }	F	T	a－c－d－f

通过以上两个测试用例,判定覆盖率即达到了100%,当然,所选的测试用例(测试用例组)并不是唯一的。

测试的充分性:假设第二个判断语句 c < 0 中的"<"被程序员错误地写成了">",即 c > 0 使用上面设计出来的一组测试用例来进行测试,仍然可以达到100%的判定覆盖,所以判定覆盖也无法发现上述的逻辑错误。

判定覆盖中,可执行语句要不就在判定的真分支,要不就在假分支上,所以,只要满足了判定覆盖标准就一定满足语句覆盖标准,反之则不然。因此,判定覆盖比语句覆盖更强。

但是判定覆盖也有它的局限性,由于逻辑操作符的特点,如"||"表达式判定中只要其中一个条件为真,则第二个条件就不进行判定;"&&"表达式中只要其中一个条件为假,另一个条件就不进行判定。所以判定覆盖中只关心判定结果而不关注参与判定的条件,必然会遗漏部分测试路径,导致程序中存在的一些缺陷无法找到。

3.4.3 条件覆盖

条件覆盖,即设计足够多的测试用例,使得被测试程序中的每个判断语句中的每个逻辑条件的可能值至少被满足一次。条件覆盖不关注布尔表达式的判定结果为 true 或 false,关注的是布尔表达式中参与判定的条件。

条件覆盖率计算方法:条件覆盖率 = 被评价到的条件取值的数量/条件取值的总数 ×100%。

根据示例代码,可设计如下测试用例:

表 3 - 3　　　　　　　　　　条件覆盖用例 1

数据	a > 0	b > 0	c < 0	a > 0 && b > 0	c < 0	路径
{ a = 2，b = 3 }	T	T	F	T	F	a - b - e - f
a = 0，b = - 3	F	F	T	F	T	a - c - d - f

通过以上两个测试用例，参与判定的条件所有可能值都满足了一次，条件覆盖率达到了100%，当然所选的测试用例（测试用例组）并不是唯一的。

测试的充分性：上面的测试用例达到条件覆盖率 100% 的同时也到达了判定覆盖率100%，但并不能保证达到 100% 条件覆盖率的测试用例（组）都能达到 100% 的判定覆盖率，看下面的例子：

表 3 - 4　　　　　　　　　　条件覆盖用例 2

数据	a > 0	b > 0	c < 0	a > 0 && b > 0	c < 0	路径
{ a = 2，b = 0 }	T	F	T	F	T	a - c - d - f
{ a = 0，b = 8 }	F	T	F	F	F	a - c - e - f

从表 3 - 4 例子可以看出，达到 100% 条件覆盖率的测试用例（组）并不能达到 100% 的判定覆盖标准，也就不一定能达到 100% 的语句覆盖率了。

3.4.4 条件判定覆盖

条件判定覆盖，即设计足够多的测试用例，使得被测试程序中的每个判断本身的判定结果（真假）至少满足一次，同时，每个逻辑条件的可能值也至少被满足一次。即同时满足100% 判定覆盖和 100% 条件覆盖的标准。

判定条件覆盖率计算方法：条件判定覆盖率 = 被评价到的条件取值和判定分支的数量/（条件取值总数 + 判定分支总数）

根据示例代码，可设计如下测试用例：

表 3 - 5　　　　　　　　　　条件判定覆盖用例

数据	a > 0	b > 0	c < 0	a > 0 && b > 0	c < 0	路径
{ a = 2，b = 3 }	T	T	F	T	F	a - b - e - f
a = 0，b = - 3	F	F	T	F	T	a - c - d - f

通过以上两个测试用例，参与判定的条件所有可能值都满足了一次，所有的判定的可能值都满足了一次，同时满足了条件覆盖率 100% 和判定覆盖率 100%。当然所选的测试用例（测试用例组）并不是唯一的。

测试的充分性：达到 100% 条件判定覆盖率一定能够达到 100% 条件覆盖、100% 判定覆盖和 100% 语句覆盖。

条件判定覆盖表面上测试了所有条件的取值，但是往往会因为某些条件覆盖另一些条件，并没有覆盖所有的 true 和 false 取值的条件组合情况，会遗漏某些条件取值错误的情况。

3.4.5 条件组合覆盖

条件组合覆盖，即设计足够多的测试用例，使得被测试程序中的每个判断的所有可能条件取值的组合至少被满足一次。这种方法包含了"分支覆盖"和"条件覆盖"的各种要求。满足条件组合覆盖一定满足判定覆盖、条件覆盖、判定条件覆盖。条件组合覆盖与条件判定覆盖的区别在于，条件判定覆盖关注的是每个条件和判定的真假是否出现，条件组合覆盖关注的是同一个判定内判定条件真假的组合，不关注。

条件组合覆盖率计算方法：条件组合覆盖率 = 被评价到的条件取值组合的数量/条件取值组合的总数。

根据示例代码，可设计如下测试用例：

表 3-6　　　　　　　　　　　　条件组合覆盖用例

数据	a>0	b>0	c<0	a>0&& b>0	c<0	路径
{ a = 2, b = 3 }	T	T	F	T	F	a-b-e-f
{ a = 0, b = 3 }	F	T	T	F	T	a-c-d-f
{ a = 2, b = 0 }	T	F	T	F	T	a-c-d-f
a = 0, b = -3	F	F	T	F	T	a-c-d-f

通过以上两个测试用例，一个判定中的所有条件都的所有可能取值都组合了一次。

测试的充分性：100% 满足条件组合覆盖率一定满足 100% 条件覆盖率和 100% 判定覆盖率。

条件组合覆盖是一种相对强的覆盖准则，可以有效地检测各种可能的条件取值的组合是否正确。不但可覆盖所有条件的可能取值的组合，还可覆盖所有判断的可去分支，但仍可能有路径会遗漏掉。

3.4.6 逻辑覆盖法对比

一般认为，5 种逻辑覆盖法的覆盖面不一样，从强到弱依次是条件组合覆盖、条件判定覆盖、条件覆盖、判定覆盖、语句覆盖。但是从以上分析来看 5 种覆盖方法可以用下图更为准确地表达：

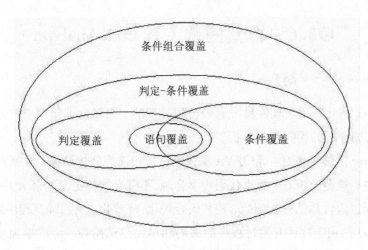

图 3 - 2 逻辑覆盖法关系

⊙ 3.5 路径覆盖

路径覆盖,即设计足够多的测试用例,使得被测试程序中的每条路径至少被覆盖一次。

路径覆盖率的公式:路径覆盖率 = 被执行到的路径数/程序中总的路径数。

根据示例代码,可设计如下测试用例:

表 3 - 7 路径覆盖用例

数据	a > 0	b > 0	c < 0	a > 0 && b > 0	c < 0	路径
不存在该路径						a - b - d - f
{ a = 0, b = 3 }	F	T	T	F	T	a - c - d - f
{ a = 2, b = 3 }	T	T	F	T	F	a - b - e - f
{ a = 0, b = 8 }	F	T	F	F	F	a - c - e - f

通过以上用例,所有路径都满足了一次,但并没有覆盖程序中所有的条件组合,所以满足路径覆盖的测试用例未必满足条件组合覆盖。

测试的充分性:路径覆盖达到100%的测试用例不一定能满足条件组合覆盖,但是一定能满足100%判定覆盖率,因为路径就是从判定的分支走的。

⊙3.6 白盒测试工具 CodeAnalyzer

3.6.1 CodeAnalyzer 简介

CodeAnalyzer 是上海泽众软件科技有限公司开发的，拥有自主知识产权，面向标准 C 和 JAVA、脱离任何编译器的代码静态分析工具。

Code Analyzer 能够用来对 C 和 JAVA 源代码进行扫描并分析结果，根据预先定义好的代码规范对代码进行规范化检查，找出代码中不合理、不符合规范定义的部分并生成分析报告。开发人员可以通过报告总结分析问题，使代码合理化、规范化，从而提高程序质量。

CodeAnalyzer 适用于软件开发过程中的编码和单元测试阶段，可以单独使用，也可以与版本管理工具、集成开发环境等工具来集成，实现对提交 C 代码和 JAVA 代码的自动扫描和分析，预先发现程序中的不合规代码、软件漏洞、后门。

在测试体系中，可以使用 CodeAnalyzer 评估开发工程师的工作量与工作质量，即代码审计。CodeAnalyzer 和 TestCenter 结合运用于代码审计系统，完成代码修改行数与上一个版本进行比较、代码修改的有效性（防止反复修改）、将记录分析结果保存到数据库。

下图所示，是 Code Analyzer 软件运用到代码审计系统的示意图：

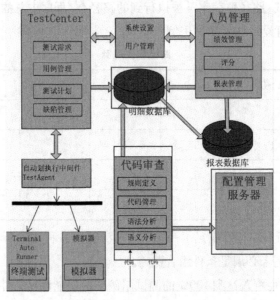

图 3－3 CodeAnalyzer 运用与代码审计系统

图 3－3 中的代码审查部分提供了代码审计的功能，这部分由 3 个组件组成：

代码审查模块，由规则定义、代码管理、语法分析、语义分析等子模块组成，用于接收用户源代码文件作为输入，经过语法分析得到分析日志，并将分析结果转存到明细数据库。审计人员可到明细数据库查询审计结果。代码审查模块可以基于 Code Analyzer 软件产品实现。

明细数据库，用于存放代码审计结果，允许用户通过客户端对代码审计结果进行查询。可以开发辅助模块将 Code Analyzer 返回的审计结果转存到明细数据库中。

配置管理服务器，用于存放通过代码审计的源代码。

用户可以通过不同的方式访问和分析代码审计的结果。例如，通过报表模块汇总明细数据库中的代码审计结果，形成审计报告。人员管理模块可以读取报表模块数据库对人员绩效进行评分和评估。

CodeAnalyzer 是采用编译的方法来处理程序代码，它分成：词法、语法、语义三个层面。

CodeAnalyzer 对代码进行分析，生成语法树，然后对语法树进行编译，生成代码执行树和执行路径。然后对每个路径进行规则检查。所有的功能体现在规则上。规则通过配置的 XML 文件来配置和扩展。CodeAnalyzer 不依赖于任何编译器，而是在 Code Analyzer 内部实现了一个编译程序，通过对代码的编译来实现。规则分成不同的级别：词法级别、语法级别和语义级别。不同的级别在不同的处理阶段被处理。

3.6.2 CodeAnalyzer 基本功能

定义规则：标准化的规则定义在 Code Analyzer 的引擎中。Code Analyzer 支持众多的 C 和 JAVA 语言编码规范。

词法规则：Code Analyzer 支持英语的单词表，变量命名的定义来自于词表检查。

语法规则：Code Analyzer 通过标准化的语法模版来处理语义规则。

语义规则：Code Analyzer 通过调用标准化的处理程序来分析定义的规则。

（1）静态分析：

支持 GUI 模式的使用方法和命令行方式的使用方法。命令行方式可以在批处理文件中来调用 Code Analyzer 的命令，通过命令来指定需要扫描的程序文件。GUI 方式是用户通过打开 GUI 界面，通过 GUI 交互的方式来扫描程序文件或者目录。

（2）查看报告：

（3）分析报告可以存放在指定的日志文件中。

使用 GUI 的用户，可以直接在 GUI 中查看日志。

（4）规则扩展：

Code Analyzer 允许用户定义自己的规则。用户通过配置扩展 XML 文件来扩展规则。对于词法、语法规则，用户可以通过配置的方法来实现；对于复杂的语义规则，用户可以通过定义指定的 java class 来处理。

3.6.3 Code Analyzer 的安装要求

在安装本软件之前请确认系统配置符合以下条件：

（1）操作系统要求：Windows(32 位/64 位) 2000/xp/vista/2003/7/2008；

（2）IE 浏览器要求：IE6、IE7、IE8、IE9；

（3）内存要求：不少于128M；

（4）磁盘空间要求：不少于150M 剩余磁盘空间。

3.6.4 Code Analyzer 的安装

（1）双击安装文件，进入下一步。

Install_CodeAnaly...

图 3 - 4　安装文件

（2）安装提示框，注意 Code Analyzer 不允许安装在虚拟机上。

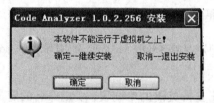

图 3 - 5　安装提示

（3）单击"　确定　"按钮，弹出 CodeAnalyzer 安装界面。

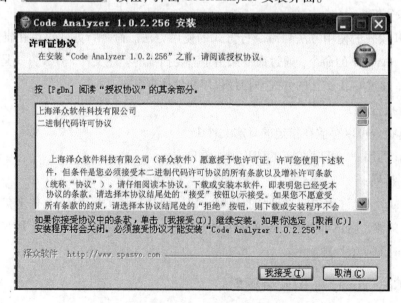

图 3 - 6　安装协议

（4）单击"我接受(I)"按钮，打开选择 Code Analyzer 安装路径弹窗，此处按默认路径安装。

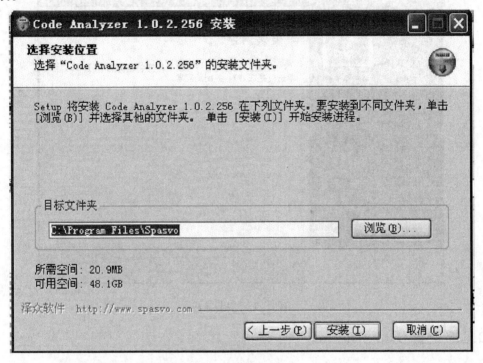

图3-7　安装位置选择

（5）单击"安装(I)"按钮，开始安装。

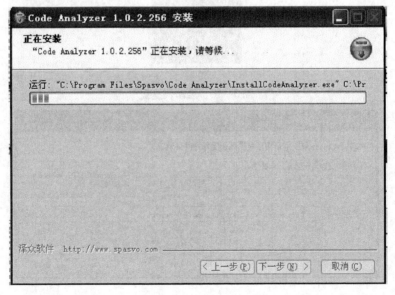

图3-8　安装过程

(6)单击"　完成(F)　"，就完成了 Code Analyzer 的安装过程。

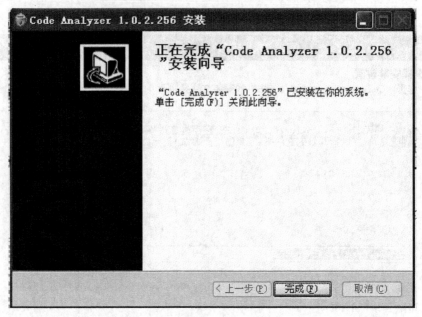

图 3 – 9　安装完成

3.6.5 配置 Code Analyzer

(1)首次运行 Code Analyzer,双击运行 Code Analyzer,打开设置工作空间弹框。

图 3 – 10　启动快捷键

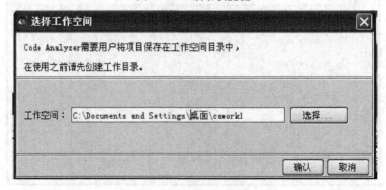

图 3 – 11　工作空间选择提示

(2)单击" 选择... "按钮，选择一个文件夹作为 Code Analyzer 的工作空间。

图 3 – 12   选择工作空间目录

(3)单击" 打开(O) "按钮，设置工作空间成功。

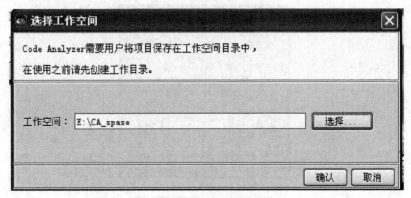

图 3 – 13   完成工作空间选择

(4)单击" 确认 "按钮，自动打开系统界面。

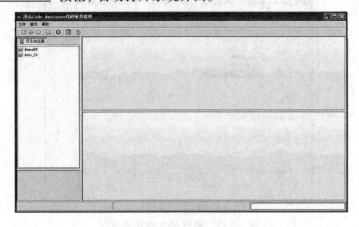

图 3 – 14   软件首页界面

3.6.6 Code Analyzer 的使用流程

(1)创建项目，单击文件菜单，选择"新项目"，打开"创建项目"弹窗。

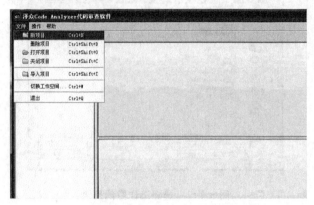

图 3-15　创建项目

图 3-16　创建项目对话框

(2)输入项目名称，加载源码，单击"浏览"按钮打开选择源码文件所在路径弹窗。

图 3-17　源代码文件路径选择

（3）单击"打开"按钮，即把源码文件加载到项目里面了。

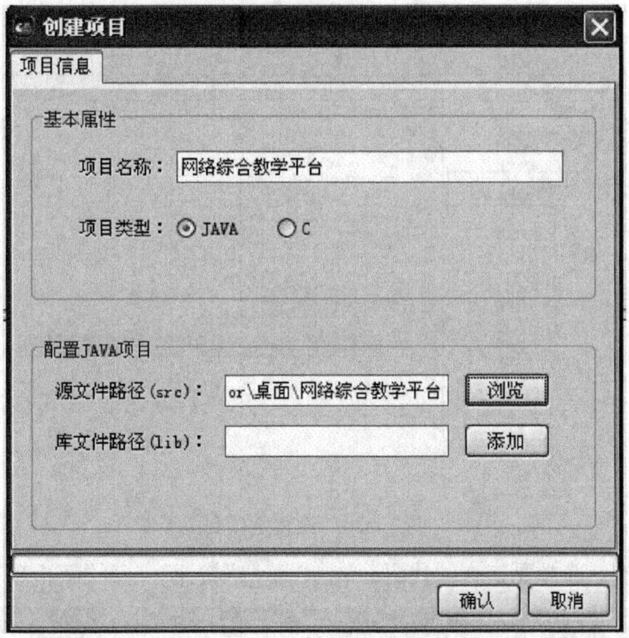

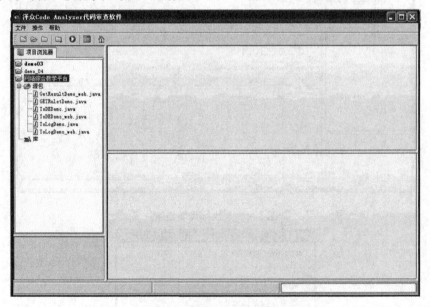

图3－18　加载源代码

（4）单击"确认"按钮，加载源码成功。

图3－19　项目加载源代码成功

（5）设置主项目，选中项目，单击鼠标右键，选择"设为主项目"。

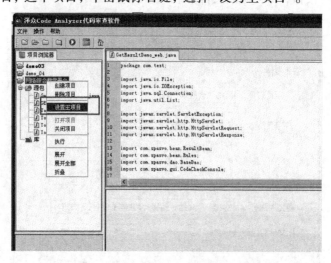

图3－20 设置主项目

（6）执行代码走查，选择要走查的代码，单击" ▶ "按钮，打开"解析项目"设置执行名称。

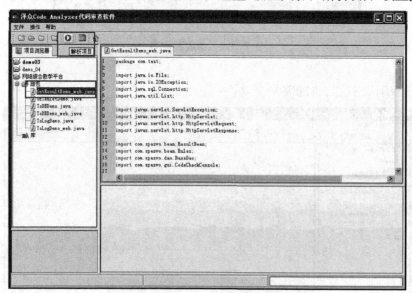

图3－21 执行代码走查

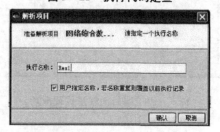

图3－22 编辑执行名称

(7) 单击" 确认 "按钮，即开始解析项目。

图 3-23 解析项目

思考题：

1. 列举常见的编码错误类型。

2. 代码插桩时一般在哪里设置探测点？

3. 请对逻辑覆盖强弱进行对比。

4. 白盒测试适用于哪些测试阶段？

※第4章 黑盒测试

本章讲述黑盒测试相关概念和方法，重点介绍黑盒测试方法中的等价类划分法、边界值分析法、因果图法、场景法、错误推测法。最后介绍功能自动化测试工具 AutoRunner，并通过 AutoRunner 进行实践学习。

⊙4.1 黑盒测试概述

黑盒测试是一种重要的测试策略，又称为数据驱动测试或功能测试。在测试中，把程序看作一个不能打开的黑盒子，在完全不考虑程序内部结构和内部特性的情况下，对程序接口进行测试，它只检查程序功能是否能按照需求规格说明书的规定正常使用，程序是否能适当地接收输入数据而产生正确的输出信息。黑盒测试着眼于程序外部结构，不考虑内部逻辑结构，主要针对软件界面和软件功能进行测试。黑盒测试将重点放在发现程序不按其规范正确运行的环境条件。在这种方法中，测试数据完全来源于软件规范。

黑盒测试是以用户的角度，从输入数据与输出数据的对应关系出发进行测试的。如果外部特性本身设计有问题或规格说明的规定有误，用黑盒测试方法是发现不了的。黑盒测试主要测试软件的功能，重点在检查程序功能是否按照需求规格说明书的要求正常使用、测试每个功能是否有遗漏、测试性能特性是否满足要求、测试人机交互是否错误、检测数据结构或外部数据库访问是否错误、程序是否能适当的输入数据而产生正确的输出结果、保持外部信息（如数据库或文件）的完整性、检测程序初始化和终止方面的错误。

黑盒测试用例设计方法包括等价类划分法、边界值分析法、错误推测法、因果图法、场景法等。

⊙4.2 等价类划分法

等价类划分法是一种典型的、重要的黑盒测试方法,它将程序所有可能的输入数据(有效的和无效的)划分成若干个等价类。然后从每个部分中选取具有代表性的数据当做测试用例进行合理的分类,测试用例由有效等价类和无效等价类的代表组成,从而保证测试用例具有完整性和代表性。等价类是在需求规格说明书的基础上进行划分的,并且等价类划分不仅可以用来确定测试用例中的数据的输入输出的精确取值范围,也可以用来准备中间值、状态和与时间相关的数据以及接口参数等,所以等价类可以用在系统测试、集成测试和组件测试中,在有明确的条件和限制的情况下,利用等价类划分技术可以设计出完备的测试用例。

等价类划分可分为有效等价类和无效等价类。设计用例时必须同时考虑这两种等价类。有效等价类指的是对于程序的规格说明来说是合理的、有意义的输入数据构成的集合,可用来验证程序实现的功能和需求规格说明书定义的功能和性能是否一致。无效等价类指的是不合理的或无意义的输入数据所构成的集合。有效等价类和无效等价类的集合必须具备如下特征:

(1)用等价类划分出的集合间不存在交集。

(2)用等价类划分出的集合能组成需覆盖功能的所有可能情况的集合。

(3)用等价类划分出的集合能在覆盖需求的前提下从中设计出最少数量的用例。

4.2.1 确定等价类

确定等价类是选取每一个输入条件并将其划分为数量不等的集合,所划分出来的集合必须能覆盖输入条件的所有可能性。划分方法如下:

(1)如果输入条件规定了取值范围,那么可以确定一个有效等价类和两个无效等价类。如数值 a 的取值范围为 100~999,则可划分有效等价类 $100 \leqslant a \leqslant 999$,两个无效等价类 $a < 100$ 和 $999 < a$。

(2)如果输入条件规定了取值个数,那么可以确定一个有效等价类和两个无效等价类。

(3)如果输入条件有"必须做什么"条件,那么可以确定一个有效等价类和一个无效等价类。

(4)如果输入条件规定了一个输入值集合,且要对集合中的每个元素进行处理,那么可以确定一个有效等价类和一个无效等价类。

确定了等价类后,列出所有划分出的等价类集合输入条件,依据所划分出的等价类进行测试用例设计。等价类测试用例设计需遵循以下方法顺序:

(1)为每个等价类进行编号,编号必须是唯一的。

(2)设计的用例必须尽可能的覆盖尚未被之前用例覆盖的有效等价类,所有的有效等价类必须被用例覆盖到。

(3)必须为每一个无效等价类设计一个测试用例,所有的无效等价类必须被用例覆盖到。

4.2.2 等价类划分法举例

某公司有一个员工管理系统,要求新员工入职时录入基本信息:

员工编号:系统自动生成。

员工姓名:2 到 5 个汉字。

邮　　箱:只能是英文字母 + @ spasvo. com。

部　　门:只能是销售部,技术部,市场部,行政部中的一个。

第一步:确定输入条件,并给输入条件划分等价类。如表 4 - 1 所示。

表 4 - 1　　　　　　　　　　输入条件等价类划分

输入条件	有效等价类	无效等价类
员工姓名 2 到 5 个汉字	①2 到 5 个汉字	②有非汉字字符 ③少于 2 个汉字 ④超过 5 个汉字
邮箱英文字母 + @ spasvo. com	⑤英文字母 + @ spasvo. com	⑥非英文字母 ⑦非@ spasvo. com
部门职能是销售部,技术部,市场部,行政部中的一个	⑧销售部,技术部,市场部,行政部	⑨非销售部,技术部,市场部,行政部中的部门

第二步:设计测试用例覆盖一个或多个有效等价类。用例数据如表 4 - 2。

表 4 - 2　　　　　　　　　　有效等价类测试用例

测试数据	期望结果	覆盖的有效等价类
张大牛	输入有效	①
Zhangdaniu@ spasvo. com	输入有效	⑤
销售部	输入有效	⑧

第三步:为每一个无效等价类设计一个测试用例。用例数据如表 4 - 3。

表 4 - 3　　　　　　　　　　无效等价类测试用例

测试数据	期望结果	覆盖的无效等价类
李 lei	无效输入	②
军	无效输入	③
司马欧阳小红	无效输入	④
* * @ spasvo. com	无效输入	⑥
Lileispasvo. com	无效输入	⑦
综合部	无效输入	⑨

⊙4.3 边界值分析法

大量的错误是发生在输入或输出范围的边界上,而不是发生在输入输出范围的内部。因此针对各种边界情况设计测试用例,可以查出更多的错误,具有更高的测试回报率。所谓的边界是指输入和输出等价类中那些刚好处于边界、超过边界、边界以下的状态。边界值分析法通过选择等价类的边界值来设计测试用例,与等价类划分的不同主要体现在以下两方面:

等价类是从集合中挑选出任意一个元素来设计测试用例,边界值分析需要选择一个或多个元素,使得等价类集合的每个边界都经过一次测试。

等价类只关注输入条件来设计用例,边界值需要同时关注输入条件和输出结果来设计测试用例。

4.3.1 边界值分析法基本原则

如果输入条件规定了一个输入值范围,则应针对范围的边界设计测试用例,选取差一点达到边界、刚好达到边界、超出边界一点的值作为用例数据。

如果输入条件规定了输入值的数量,则应针对最小数量的输入值、最大数量的输入值、比最小数量少一个、比最大数量多一个的情况分别设计测试用例。

如果程序的输入或输出是一个有序序列,则应选取该序列的第一个和最后一个元素。

4.3.2 边界值分析法举例

有三元函数 $F(x,y,z)$,其中 $x \in [10,25]$,$y \in [100,150]$,$z \in [1,31]$。

分析:边界值正常情况下需要测试内边界,即输入变量的最小值、稍大于最小值、正常值、略小于最大值、最大值。如有 n 个变量,测试用例数量为 $4n+1$。实际测试时往往需要体现测试的健壮性,这时就必须增加外边界测试用例,即稍小于最小值、稍大于最大值。这时 n 个变量会产生 $6n+1$ 个测试用例。表4-4列出了体现测试健壮性的测试用例。

表4-4   边界值分析测试用例

测试用例	变量 x	变量 y	变量 z
Case1	9	120	20
Case2	10	120	20
Case3	11	120	20
Case4	24	120	20
Case5	25	120	20
Case6	26	120	20
Case7	15	120	20
Case8	15	100	20
Case9	15	101	20

Case10	15	149	20
Case11	15	150	20
Case12	15	151	20
Case13	15	120	0
Case14	15	120	1
Case15	15	120	2
Case16	15	120	30
Case17	15	120	31
Case18	15	120	32
Case19	15	120	20

⊙4.4 因果图法

等价类划分法和边界值分析方法都是着重考虑输入条件,但没有考虑输入条件的各种组合、输入条件之间的相互制约关系。这样虽然各种输入条件可能出错的情况已经测试到了,但多个输入条件组合起来可能出错的情况却被忽视了。如果在测试时必须考虑输入条件的各种组合,则可能的组合数目将是天文数字,因此必须考虑采用一种适合于描述多种条件的组合、相应产生多个动作的形式来进行测试用例的设计,这就需要利用因果图。

因果图法是一种利用图解法分析输入的各种组合情况,从而设计测试用例的方法,它适合于检查程序输入条件的各种组合情况。因果图法一般和判定表结合使用,通过映射同时发生相互影响的多个输入来确定判定条件,最终生成判定表。因果图是一种形式语言,用自然语言描述的规格说明可以转换为因果图。实际上因果图是一种数字逻辑电路,但没有使用标准的电子学符号,而是使用了稍微简单的符号。只需了解逻辑运算符"与"、"或"、"非"即可掌握因果图法。

因果图法具有如下特点:

(1)考虑输入条件间的组合关系、制约关系。

(2)考虑输出结果对输入条件的依赖关系,即因果关系。

(3)测试用例发现错误的效率高。

(4)能检查出功能说明中的某些不一致或遗漏。

4.4.1 因果图法设计测试用例的方法

(1)分割功能说明书。对于规模比较大的程序来说,由于输入条件的组合数太大,所以很难整体上使用一个因果图。我们可以把它划分为若干部分,然后分别对每个部分使用因果图。例如,测试编译程序时,可以把每个语句作为一个部分。

（2）分析确定原因和结果，并对原因和结果进行编号。原因指的是输入条件或输入条件的等价类；结果指的是输出结果或输出结果等价类。原因和结果都以节点的形式出现在因果图中，当原因或结果成立时，相应的节点取1，否则取0。

（3）根据规格说明书的语义内容，并将其中的因果关系画成因果图。因果图的基本符号如图4-1所示。

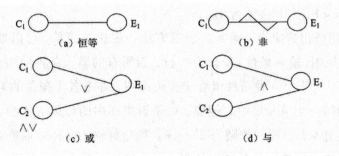

图4-1 因果图基本符号

恒等：若原因出现，则结果出现；若原因不出现，则结果也不出现。

非（~）：若原因出现，则结果不出现；若原因不出现，则结果出现。

或（∨）：若几个原因中有1个出现，则结果出现；若几个原因都不出现，则结果不出现。原因可以有多个。

与（∧）：若几个原因都出现，结果才出现。若其中有1个原因不出现，则结果不出现。原因可以有多个。

画因果图时，原因在左，结果在右，由上而下排列，并根据功能说明书中规定的原因和结果之间的关系，用上述基本符号连接起来。在因果图中还可以引入一些中间节点。

（4）根据功能说明在因果图中加上约束条件。由于语法或环境限制，有些原因与原因之间、原因与结果之间的组合情况不可能出现。为表明这些特殊情况，在因果图上用一些记号表明约束或限制条件。因果图的约束条件如图4-2所示。

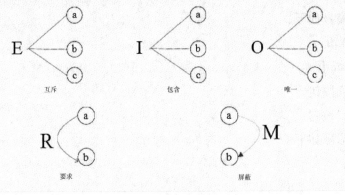

图4-2 因果图约束条件

其中互斥、包含、唯一、要求是对原因的约束，屏蔽是对结果的约束。具体描述如下：

互斥：表示不同时为1，即a，b，c中至多只有一个1。

包含：表示至少有一个1，即a，b，c中不同时为0。

唯一：表示a，b，c中有且仅有一个1。

要求：表示若a＝1，则b必须为1。即不可能a＝1且b＝0。

屏蔽：表示若a＝1，则b必须为0。

（5）根据因果图画出判定表。画判定表的方法一般比较简单，可以把所有原因作为输入条件，每一项原因（输入条件）安排为一行，而所有的输入条件的组合一一列出（真值为1，假值为0），对于每一种条件组合安排为一列，并把各个条件的取值情况分别填入判定表中对应的每一个单元格中。例如，如果因果图中的原因有4项，那么，判定表中的输入条件则共有4行，而列数则为$2^4＝16$。确定好输入条件的取值之后，我们便可以很容易地根据判定表推算出各种结果的组合，也即输出，其中也包括中间节点的状态取值。

上述方法考虑了所有条件的所有组合情况，在输入条件比较多的情况下，可能会产生过多的条件组合，从而导致判定表的行数太多，过于复杂。然而在实际情况中，由于这些条件之间可能会存在约束条件，所以很多条件的组合是无效的，也就是说，它们在判定表中也完全是多余的。因此根据因果图画出判定表时，我们可以有意识地排除掉这些无效的条件组合，从而使判定表的列数大幅度减少。

（6）将判定表中的每一列转换成一个测试用例。

4.4.2 因果图法举例

地铁内自动售货机控制软件，软件规格说明书为：若投入5块纸币，按下"可乐"或"橙汁"按钮会送出相应的饮料。若投入10块纸币，按下"可乐"或"橙汁"会送出相应的饮料，同时退回5块纸币。

分析原因并编号如下：

a 投入5块纸币

b 投入10块纸币

c 按下"可乐"按钮

d 按下"橙汁"按钮

分析结果并编号如下：

X 送出"可乐"

Y 送出"橙汁"

Z 退回5块纸币

中间状态:

M 已投币

N 已按钮

根据所分析的原因和结果,可以画出如图 4-3 所示因果图。

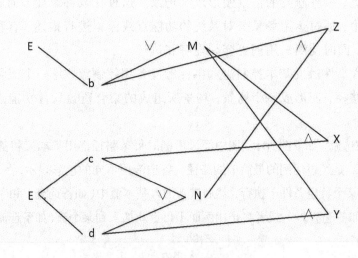

图 4-3　因果图

根据因果图,可转换出表 4-5 所示判定表。

表 4-5　　　　　　　　　　　　判定表

		Case1	Case2	Case3	Case4	Case5	Case6	Case7	Case8
原因	a	1	1	1	0	0	0	0	0
	b	0	0	0	1	1	1	0	0
	c	1	0	0	1	0	0	1	0
	d	0	1	0	0	1	0	0	1
中间状态	M	1	1	1	1	1	1	0	0
	N	1	1	0	1	1	0	1	1
结果	X	1	0	0	1	0	0	0	0
	Y	0	1	0	0	1	0	0	0
	Z	0	0	0	1	1	1	0	0

⊙4.5 场景法

软件系统都是用事件触发来控制软件流程的，而同一事件不同的触发顺序和处理结果就形成事件流，事件触发的情景便形成了场景。这种在软件设计方面的思想也可以引入到软件测试中，通过运用场景来对系统的功能点或流程进行描述，有利于测试设计者设计测试用例，同时使测试用例更容易理解和执行。

场景法包含事件触发基本控制流和事件触发备用控制流，每一个流程可以完整地描述事件的流转路径，而形成一个场景，场景所组成的集合覆盖软件功能点的全部可能执行流。

基本流和被选流，如下图所示，图中经过用例的每条路径都用基本流和备选流来表示，直黑线表示基本流，是经过用例的最简单的路径。备选流用不同的色彩表示，一个备选流可能从基本流开始，在某个特定条件下执行，然后重新加入基本流中(如备选流1和3)；也可能起源于另一个备选流(如备选流2)，或者终止用例而不再重新加入到某个流(如备选流2和4)。

图4-4 基本流和备选流

场景法设计测试用例方法：

根据说明，描述程序的基本流及各项备选流。

根据基本流和备选流生成不同的场景。

对每一个场景生成相应的测试用例。

对审查的所有测试用例重新复审，去掉多余的测试用例，测试用例确定后对每一个测试用例确定测试数据值。

场景法举例：在某电商网站上购物，如购买一本软件测试相关的书籍，整个订购过程为，用户打开网站首页，找到书籍目录进行书籍选择，选中软件测试书籍后进行订购，把选定的书籍加入购物车，结算时登录自己注册的账号，登录成功后进行结算并生成订单。

确定基本流和备选流，如表4-6。

表 4－6　　　　　　　　　　　　　　基本流和备选流

基本流	1．打开网页，登录到电商网站 2．书籍选择，确定订购 3．将所选书籍加入到购物车 4．登录自己的账号 5．登录成功后生成订单 6．订单结算成功，购物成功
备选流 1	登录账号不存在
备选流 2	账号或密码错误
备选流 3	无选购书籍
备选流 4	账号余额不足
备选流 5	退出系统

根据表 4－6 的基本流和备选流生成如表 4－7 的场景。

表 4－7　　　　　　　　　　　　　　场景列表

场景 1 – 购物成功	基本流
场景 2 – 账号不存在	基本流，备选流 1
场景 3 – 账号密码错误	基本流，备选流 2
场景 4 – 无选购书籍	基本流，备选流 3
场景 5 – 账号余额不足	基本流，备选流 4
场景 6 – 退出系统	基本流，备选流 5

确定测试用例：

(1)对于每一个场景都需要确定测试用例，一般采用矩阵或决策表来确定和管理测试用例。

(2)对于每一个测试用例，必须包含用例 ID、用例步骤、用例数据、预期结果 4 个要素。

(3)在用例矩阵中，V 表示有效数据元素，I 表示无效数据元素，n/a 表示不适用。

根据场景列表，可设计表 4－8 测试用例。

表 4－8　　　　　　　　　　　　　　测试用例

ID	场景/条件	账号	密码	所选书籍	余额	预期结果
Case1	场景 1 – 购物成功	V	V	V	V	成功购书
Case2	场景 2 – 账号不存在	I	n/a	n/a	n/a	提示账号不存在
Case3	场景 3 – 账号密码错误	V	I	n/a	n/a	提示用户名或密码错误
Case4	场景 3 – 账号密码错误	I	V	n/a	n/a	提示用户名或密码错误
Case5	场景 4 – 无选购书籍	V	V	I	n/a	提示选购书籍
Case6	场景 5 – 账号余额不足	V	V	V	I	提示账号余额不足
Case7	场景 6 – 退出系统	V	V			用户退出系统

根据测试用例可生成如表 4－9 测试用例数据。

表4-9   测试用例数据

ID	场景/条件	账号	密码	所选书籍	余额	预期结果
Case1	场景1-购物成功	Cqs	1111	软件测试	1000	成功购书
Case2	场景2-账号不存在	Ccc	n/a	n/a	n/a	提示账号不存在
Case3	场景3-账号密码错误	Cqs	1112	n/a	n/a	提示用户名或密码错误
Case4	场景3-账号密码错误	Ccc	1111	n/a	n/a	提示用户名或密码错误
Case5	场景4-无选购书籍	Cqs	1111	空	n/a	提示选购书籍
Case6	场景5-账号余额不足	Cqs	1111	软件测试	0	提示账号余额不足
Case7	场景6-退出系统	Cqs	1111			用户退出系统

⊙4.6　错误推测法

在软件测试行业里常常可以看到这种情况,有些测试人员对各种软件测试方法(如等价类,边界值,因果图等)并不熟悉,但是测试成果总是非常多,似乎天生就是做软件测试的人才。其实他们只是在无意识中实践着一种软件测试方法,错误推测法。

错误推测法是指在测试程序时,测试人员可以根据经验或直觉推测程序中可能存在的各种错误即持有错推论先入为主,从而有针对性地编写检查这些错误的测试用例的方法。

错误推测法的基本思想是列举出程序中可能出的错误或错误易发情况的清单,然后根据清单来编写测试用例。用好错误推测法需要满足以下条件:

(1)深度熟悉被测系统的业务、需求。

(2)对被测系统或类似系统之前的缺陷分布情况进行过系统的分析。包括功能缺陷,数据缺陷,接口缺陷和界面缺陷等等。

下面给出常见的错误推测法关注点。

表4-10   常见错误推测

输入验证	数字输入验证:正数、负数、零值、单精度、双精度、字符串、空白值、空值、临界数值。非法字符输入验证:大小写字符、特殊字符、空白值、空值。 输入长度验证:输入字符的长度是否超过实际系统接收字符长度的能力。 必填项验证和信息提示:输入不允许为空的时候,系统需要有提示用户输入信息功能。
操作验证	页面链接检查、相关性检查、按钮功能、重复提交、多次页面退回、快捷键检查。

⊙ 4.7 功能自动化测试工具 AutoRunner

4.7.1 AutoRunner 简介

自动测试过程就是通过模拟人工操作，完成对被测试系统的输入，并且对输出进行检验的过程。自动测试是由软件代替人工操作，对被测试系统的 GUI 发出指令，模拟操作，完成自动测试过程。

Auto Runner 是一个自动测试工具的集合，也是一个自动测试框架，加载不同的测试组件，就能够实现面向不同应用的测试。AutoRunner 自动测试工具适用于功能测试、回归测试、系统测试、疲劳测试、组合测试、构建测试等，可以提高测试效率，降低测试人工成本，帮助用户找被测对象的缺陷，特别是对于一些通过手工测试很难发现的缺陷。

AutoRunner 支持 IE、win32、WPF、sliverlight、JavaGUI、QT 等技术平台。AutoRunner 具有先进的录制技术、模糊识别技术、关键字驱动等，能够帮助测试工程师编写复杂的测试脚本，实现自动测试。

AutoRunner 具有如下功能：

（1）Windows 类型对象测试，一般为用 C + /Delphi/VB/C#等技术开发的桌面程序。

（2）IE 网页对象测试，一般性的网站，比如大的门户类网站。

（3）Java 对象测试，一般为用 AWT/Swing/SWT 等技术开发的桌面程序。

（4）Flex 对象测试，一般为用 Adobe 公司的 FlashBuilder 开发工具开发的 Flex 网页程序。

（5）Silverlight 对象测试，一般为用微软公司的 Visual Studio 开发工具开发的 Silverlight 网页程序。

（6）WPF 对象测试，一般为用微软公司的 Visual Studio 开发工具开发的 WPF 桌面程序。

（7）QT 对象测试，一般为基于诺基亚 QT 库开发的桌面程序。

AutoRunner 的特点如下：

（1）使用 BeanShell 语言作为脚本语言，使脚本更少，更易于理解。BeanShell 语法自身也兼容 Java 语法。

（2）采用关键字提醒、关键字高亮的技术，提高脚本编写的效率。

（3）提供了强大的脚本编辑功能。

（4）支持同步点。

（5）支持各种需求的校验。包括对对象属性、数据库、文件文本、Excel 表格、正则表达式、消息框文本、矩形区域文本等的校验。

（6）支持参数化，同时支持数据驱动的参数化。

（7）支持测试过程的错误提示功能。

（8）允许用户在某个时刻从被测试系统中获取对象各种的信息，例如：一个对话框上的按钮的名字等属性信息。

（9）通过设置对象的识别权重，可以在各种情况下有效识别对象。

AutoRunner3.0 新增了许多命令函数，有利于测试人员进行各种功能测试，熟练掌握这些命令函数，能够让测试人员编写出更简练、更高效的测试脚本。

4.7.2 AutoRunner 安装

AutoRunner 运行在 Windows 平台上，下表为 AutoRunner3.9 的配置要求：

表 4 - 11　　　　　　　　　　AutoRunner 安装要求

CPU	2.4GHz 以上
内存	不少于 128M
硬盘	不少于 150M 剩余硬盘空间
操作系统	WindowsXP/windows2000/windows2003/windows2008 server/windows vista/windows7

（1）以管理员身份登录到系统中，双击安装文件（有系统权限的，请右键选择"以管理员身份运行"），进入下一步。

图 4 - 5　AutoRunner 启动图标

（2）弹出安装提示框，注意 AutoRunner 不允许安装在虚拟机上。

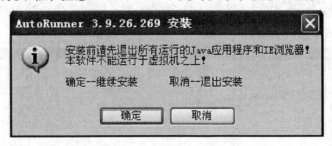

图4-6 AutoRunner 安装提示

（3）单击" 确定 "按钮，弹出 AutoRunner 安装界面。然后按照提示信息，即可完成 AutoRunner。

4.7.3 AutoRunner 配置

（1）首次运行 AutoRunner，双击运行 AutoRunner，打开设置工作空间弹框。

图4-7 AutoRunner 工作空间提示

（2）单击"继续"按钮，选择一个文件夹作为 AutoRunner 的工作空间。

图4-8 AutoRunner 工作空间选择

（3）单击"　打开　"按钮，设置工作空间成功。此时，在工作空间理会自动生成一些文件，不要手动删除等操作。以免 AutoRunner 不能正常使用。

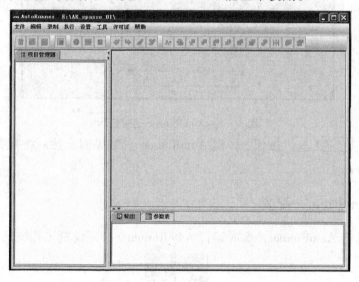

图 4 - 9　AutoRunner 首页

⊙4.8　AutoRunner 自动化测试实践

4.8.1 CRM 测试案例简介

CRM(Customer Relationship Management) 即客户关系管理，CRM 系统可以满足每个客户的特殊需求，同每个客户建立联系，通过同客户的联系来了解客户的不同需求，并在此基础上进行"一对一"个性化服务，是企业普遍使用的客户关系管理系统。

CRM 系统系统采用 ASP 技术，配置部署简单，界面简洁友好。系统为 B/S 架构，前后台共用一个登录界面。系统主要包括登录界面、系统首页、后台管理、客户管理、联络管理、文档管理、预订管理、日志管理八个模块，可覆盖基本的测试方法如等价类、边界值等。

CRM 系统安装配置方法：

（1）安装 MYSQL 数据库的 ODBC 驱动程序 32 位操作系统，安装 mysql - connector - odbc - 3.51.14 - win32。

（2）双击安装 Navicat_for_MySQL_11.0.10_XiaZaiBa。

（3）创建数据库 spasvo_crm，导入数据库文件 spasvo_crm.sql。

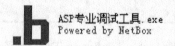

（4）进入目录 spasvo_crm，双击图标 。

（5）打开 IE 浏览器：输入 http://localhost/login.asp。

（6）管理员 admin admin 市场主管 test test 市场人员 test1 test1。

4.8.2 自动化实践

实验一 AutoRunner 脚本录制与回放。

实验目的和要求：

（1）初步了解功能自动化工具的使用。

（2）掌握录制和回放的基本操作。

（3）熟悉脚本区域自动生成的内容。

（4）掌握报告结果的分析。

实验过程：

（1）AutoRunner 脚本录制回放基本流程

图 4 - 10 AutoRunner **脚本录制流程图**

（2）AutoRunner 脚本录制过程文件含义

（3）脚本录制完，会在工作空间内自动生成四个文件，如下特点：

图 4 - 11 **脚本文件**

①bsh 为脚本文件，保存了脚本编辑器中的脚本。

②xls 为参数表文件，是一个 excel 表格，所有的参数化数据都将被保存到这里，当然在我们没用到参数化时，此文件中无数据。

③xml 为对象库文件，是一个 xml 格式，前面我们看到的对象库信息会被保存到这里，对象库可以进行编辑，编辑后也会被保存下来。

④logd 是日志文件。

实验二 AutoRunner 脚本参数化。

实验目的和要求：

（1）初步了解功能自动化工具的使用。

（2）理解参数化的概念。

(3)掌握参数表的设计。

(4)掌握脚本参数化的强化。

(5)熟悉对象库的使用。

实验过程:

(1)建立循环参数表。

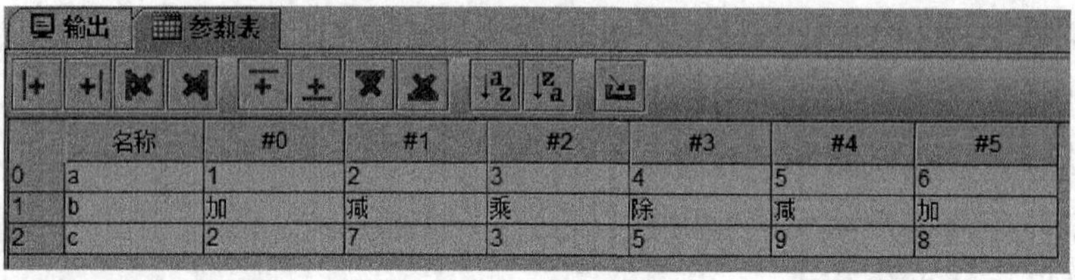

	名称	#0	#1	#2	#3	#4	#5
0	a	1	2	3	4	5	6
1	b	加	减	乘	除	减	加
2	c	2	7	3	5	9	8

图 4－12　循环参数表

(2)在脚本代码中插入 for 循环代码。

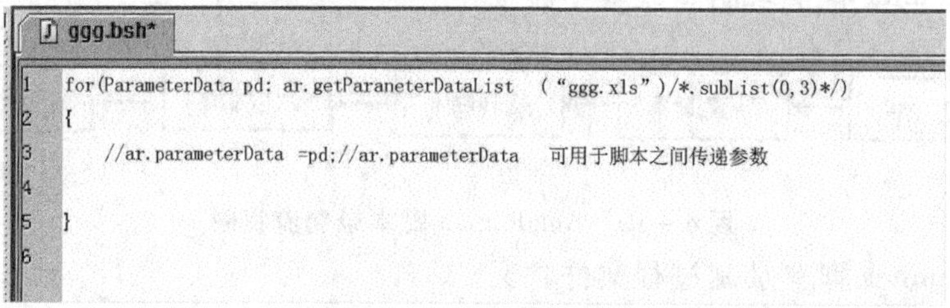

```
for(ParameterData pd: ar.getParaneterDataList  ("ggg.xls")/*.subList(0,3)*/)
{
    //ar.parameterData =pd;//ar.parameterData   可用于脚本之间传递参数

}
```

图 4－13 循环体代码

getFrom 函数，用于跨脚本数据传递，在一个脚本中通过 putInto 命令将数据保存到变量名为 addResult 的变量中(变量名可以任取)，如下面例子所示，在另一个脚本中，调用 getFrom 函数，如“命令举例”所示，就可以重新获取到保存在 addResult 变量中的值。

(3)在以下情况下可能需要手工添加对象到对象库中:

①回放时出现某个对象在对象库中没有找到的错误;

②由于错误修改对象属性导致回放失败;

③某些对象在录制时不方便录制或是录制失败;

④不想重录已有脚本，只是想增加某个或某几个新对象到对象库。

实验三　AutoRunner 脚本检查点 1。

实验目的和要求:

(1)初步了解功能自动化工具的使用。

(2)理解检查点的概念。

(3)掌握对象的选择。

（4）明确对象库中对象属性的选取。

（5）掌握属性检查点的使用操作。

（6）掌握数据库检查点的使用操作。

（7）掌握正则表达式检查点的使用操作。

实验过程：

功能自动化测试过程通过校验脚本执行过程的元素来检验被测系统是否存在缺陷。校验脚本的元素称之为校验点或检查点。

属性检查点，脚本执行过程中通过校验脚本对象的属性值来确认被测系统是否存在缺陷。

数据库检查点，脚本执行中通过校验被测系统的数据库来检验脚本对系统数据操作的结果。

正则表达式检查点，通过设置适当的正则表达式来校验特定数据的输入格式是否符合要求。

（1）属性检查点的插入，图4－14的界面可以选择需要校验的对象，对象属性的选择，预期属性值的填写。

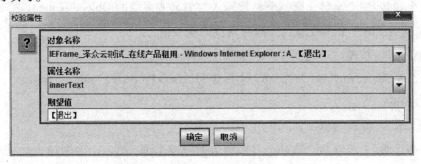

图4－14　校验属性

（2）数据库检查点插入，图4－15插入数据库校验点对话框中可选择数据类型，数据库地址，用户名，密码，数据库查询SQL语句，数据库查询期望值。

图4－15　校验数据库

（3）正则表达式检查点插入，图4－16 正则表达式对话框中可以选择带校验文本，特定正则表达式填写。

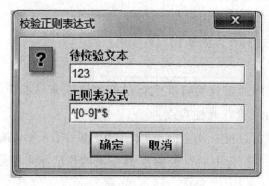

图4－16　校验正则表达式

checkProperty：

（1）命令含义：校验对象属性。

（2）命令参数：三个参数，第一个参数输入对象名或对象的 ObjectElement，第二个参数输入待检验属性名，第三个参数输入待检验属性的期望值。

（3）命令返回：校验成功返回 true，否则返回 false。

（4）命令举例：ar. window（"SciCalc_计算器"）. checkProperty（"Edit"，"value"，"10"）。

checkDatabase：

（1）命令含义：校验数据库。

（2）命令参数：六个参数，第一个参数输入数据库类型，第二个参数输入数据库地址，第三个参数输入数据库访问用户名，第四个参数输入数据库访问密码，第五个参数输入数据库查询语句，第六个参数输入校验期望值。

（3）命令返回：校验成功返回 true，否则返回 false。

（4）命令举例：校验单个字符串返回值。

ar. checkDatabase（"SQL Server"，"192. 168. 1. 50:12345/mydb"，"spasvo"，"123"，"SE-LECT name FROM students WHERE id ＝45"，"Zhang san"）；

checkRegex：

（1）命令含义：校验正则表达式。

（2）命令参数：两个参数，第一个参数输入校验文本，第二个参数输入正则表达式。

（3）命令返回：校验成功返回 true，否则返回 false。

（4）命令举例：ar. checkRegex（"021－87888822"，"\d{3} － \d{8} | \d{4} － \d{7}"）；

实验四　AutoRunner 脚本检查点2。

实验目的和要求：

（1）初步了解功能自动化工具的使用。

（2）理解检查点的概念。

（3）掌握对象的选择。

（4）明确对象库中对象属性的选取。

（5）掌握 Excel 表格检查点的使用操作。

（6）掌握文本文件检查点的使用操作。

（7）掌握矩形文本检查点的使用操作。

（8）掌握消息框检查点的使用操作。

实验过程：

（1）Excel 表格检查点插入，图4－17Excel 表格对话框中可以选择所校验的 Excel 文件的绝对位置，单元格的坐标，校验期望值。

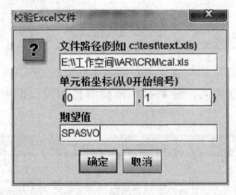

图4－17　校验 Excel 表格

（2）文本文件检查点插入，图4－18 检验文本文件对话框中可选择文本格式，文本文件绝对路径，行号，列号，校验期望值。

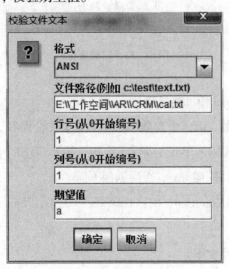

图4－18　校验文本文件

(3)矩形文本检查点插入,图4-19校验矩形文本对话框中可选择需要校验的矩形文本,文本坐标,校验期望值。

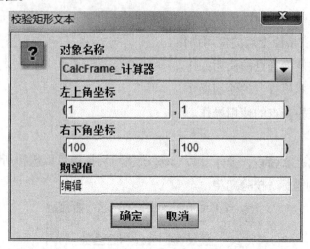

图4-19 校验矩形文本

（4）消息框检查点插入,图4-20校验消息框对话框中可选择校验对象,校验期望值。

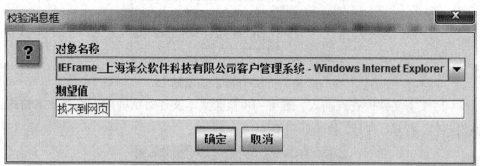

图4-20 校验消息框

checkExcelCell：

(1)命令含义:校验 Excel 单元格文本。

(2)命令参数:四个参数,第一个参数输入 Excel 文件全路径,第二个参数输入单元格行号(从0开始),第三个参数输入单元格列号(从0开始),第四个参数输入期望值。

(3)命令返回:校验成功返回 true,否则返回 false。

(4)命令举例:ar. checkExcelCell("C：\Test. xls",0,0,"Spasvo")。

checkFileText：

(1)命令含义:校验文件文本。

(2)命令参数:五个参数,第一个参数输入文本格式,第二个参数输入文件全路径,第三个参数输入行号,第四个参数输入列号,第五个参数输入期望值。

(3)命令返回:校验成功返回 true,否则返回 false。

(4)命令举例:ar. checkFileText("ANSI","c:\test\test. txt",1,1,"a")。

checkRectText:

(1)命令含义:校验矩形文本。

(2)命令参数:六个参数,第一个参数输入对象名或对象的 ObjectElement,接下来四个参数输入待校验文本的左、顶、右、底坐标,第六个参数输入期望值。

(3)命令返回:校验成功返回 true,否则返回 false。

(4)命令举例:ar. window("SciCalc_计算器"). checkRectText("SciCalc",0,0,100,100,"编辑")。

checkMessageBox:

(1)命令含义:校验消息框文本。

(2)命令参数:两个参数,第一个参数输入消息框对象名,第二个参数输入期望值。

(3)命令返回:校验成功返回 true,否则返回 false。

(4)命令举例:ar. checkMessageBox("#32770_About","T1 Application v1.0")。

实验五 脚本串联调用及参数传递。

实验目的和要求:

(1)初步了解功能自动化工具的使用。

(2)熟悉脚本之间的调用。

(3)掌握对象的选择。

(4)明确对象库中对象属性的选取。

(5)掌握参数传递的基本操作。

实验过程:

脚本调用即在一个项目中脚本调用另一个脚本,脚本调用执行过程中,执行到脚本调用语句时跳转执行被调用脚本,被调用脚本执行完成后,回到原脚本继续执行。脚本调用注意事项:

(1)脚本串联现只能在同一项目下的脚本之间,不支持跨项目串联脚本。

(2)两个脚本可以是对同一个窗口进行,也可以操作不同的窗口。

(3)脚本之间不能互调,比如在 a 脚本中调用了 b,那么在 b 脚本中可以再调用 c 脚本,而绝不能调用 a 脚本,否则会使回放进入死循环,所以在脚本串联当中不能形成调用环。

(4)如两个脚本是对同一个窗口进行操作,就要注意调用脚本命令的放置位置,保证调用时各对象的属性和对象库中的对象属性一致。

数传递就是在进行脚本串联调用时,某些数据要在不同脚本之间共享,参数传递命令为 getFrom、putInto,这两条命令都是 ParameterData 类成员函数。

callScript:

(1)命令含义:脚本串联调用命令。

(2)命令参数:一个参数,要求输入调用脚本全名称。

(3)命令产生:在脚本之间调用时出现此命令,手工添加或点击编辑菜单中的【调用脚本】来添加。

(4)命令举例:ar. callScript("Win. bsh")。

getFrom:

(1)命令含义:ParameterData 类中的成员函数,获取指定参数的值。

(2)命令参数:一个参数,输入参数名称。

(3)命令返回:指定参数的值,以字符串返回。

(4)命令举例:ar. parameterData. getFrom("addResult");

命令说明:此命令用于跨脚本数据传递,在一个脚本中通过 putInto 命令将数据保存到变量名为 addResult 的变量中(变量名可以任取),如下面例子所示,在另一个脚本中,调用 getFrom 函数,如"命令举例"所示,就可以重新获取到保存在 addResult 变量中的值。

putInto:

(1)命令含义:ParameterData 类中的成员函数,设置指定参数名的值。

(2)命令参数:两个参数,第一个参数输入参数名称,第二个参数输入参数值。

(3)命令说明:此命令用于跨脚本数据传递。

SPASVO 泽众软件

实验报告封面

课程名称：＿＿＿＿＿＿＿＿ 课程代码：＿＿＿＿＿＿＿＿

任课老师：＿＿＿＿＿＿＿＿ 实验指导老师：＿＿＿＿＿＿＿＿

实验报告名称：＿＿＿＿＿＿＿＿＿＿＿＿＿＿＿＿＿＿＿＿＿＿＿＿

学生姓名：＿＿＿＿＿＿＿＿ 学号：＿＿＿＿＿＿＿＿

班级：＿＿＿＿＿＿＿＿ 递交日期：＿＿＿＿＿＿＿＿

实验报告评语与评分：＿＿＿＿＿＿＿＿ 评阅老师签名：＿＿＿＿＿＿＿＿

实验题目			
实验地点及组别		实验时间	年 月 日

一、实验目的和要求

二、实验环境(本实验的硬件和软件环境及使用仪器等)

三、实验实现过程

四、实验结果、分析、总结
实现运行的结果截图：

结果分析及总结：

思考题：

1. 黑盒测试的特点是什么？黑盒测试与白盒测试有什么区别？

2. 有效等价类和无效等价类有什么特征？

3. 边界值法测试用例数量取决于什么因素？

4. 等价类法和边界值法有什么区别？

5. 常见的错误推测有哪些？

※ 第 5 章 性能测试

本章主要介绍性能测试的基本概念，如负载测试、压力测试、容量测试、安全性、可靠性、兼容性等，最后介绍性能测试工具 PerformanceRunner 的使用及运用 PerformanceRunner 进行实践。

◉5.1 性能测试介绍

性能测试是通过模拟多种正常、峰值以及异常条件对系统的各项性能指标进行测试。性能测试在软件的质量保证中起着重要的作用，它包括的测试内容丰富多样。性能测试可概括为三个方面：客户端性能的测试、网络性能的测试和服务器端性能的测试。通常情况下，三方面有效、合理的结合，可以达到对系统性能全面的分析和瓶颈的预测。

客户端性能测试考察客户端应用的性能，测试的入口是客户端，重点关注并发性能。并发性能测试的过程是一个负载测试和压力测试的过程，即逐渐增加负载，直到系统的瓶颈或者不能接收的性能点，通过综合分析交易执行指标和资源监控指标来确定系统并发性能。并发性能测试的目的主要体现在三个方面：以真实的业务为依据，选择有代表性的、关键的业务操作设计测试案例，以评价系统的当前性能；当扩展应用程序的功能或者新的应用程序将要被部署时，负载测试会帮助确定系统是否还能够处理期望的用户负载，以预测系统的未来性能；通过模拟成百上千个用户，重复执行和运行测试，可以确认性能瓶颈并优化和调整应用，目的在于寻找到瓶颈问题。

网络性能测试重点是利用成熟先进的自动化技术进行网络应用性能监控、网络应用性能分析和网络预测。网络应用性能分析的目的是准确展示网络带宽、延迟、负载和TCP端口的变化是如何影响用户的响应时间的。利用网络应用性能分析工具，能够发现应用的瓶颈，我们可知应用在网络上运行时在每个阶段发生的应用行为；网络应用性能监控主要关注在系统试运行之后网络上发生什么事情,什么应用在运行,如何运行,多少 PC 正在访问 LAN 或 WAN,哪些应用程序导致系统瓶颈或资源竞争;网络预测主要考虑系统未来发展的扩展性,预测网络流量的变化、网络结构的变化,根据规划数据进行预测并及时提供网络性能预测数据。

服务器端性能的测试是对服务器设备、服务器操作系统、数据库系统、应用在服务器上程序的全面监控。包括 CPU 利用率、平均负载、接收包错误率、内存读写速率等。

性能测试主要包括:

(1)评估系统的能力,测试中得到的负荷和响应时间数据可以被用于验证所计划的模型的能力,并帮助作出决策。

(2)识别体系中的弱点:受控的负荷可以被增加到一个极端的水平,并突破它,从而修复体系的瓶颈或薄弱的地方。

(3)系统调优:重复运行测试,验证调整系统的活动得到了预期的结果,从而改进性能。

(4)检测软件中的问题:长时间的测试执行可导致程序发生由于内存泄露引起的失败,揭示程序中的隐含的问题或冲突。

(5)验证稳定性(resilience)和可靠性(reliability):在一个生产负荷下执行测试一定的时间是评估系统稳定性和可靠性是否满足要求的唯一方法。

◎5.2　负载测试

负载测试(Load testing),通过测试系统在资源超负荷情况下的表现,以发现设计上的错误或验证系统的负载能力。在这种测试中,将使测试对象承担不同的工作量,评测和评估测试对象在不同工作量条件下的性能,以及持续正常运行的能力。负载测试的目标是确定并确保系统在超出最大预期工作量的情况下仍能正常运行,并评估响应时间、事务处理速率和其他与时间相关的方面性能特征。

负载测试是模拟实际软件系统所承受的负载条件的系统负荷,通过不断加载(如逐渐增加模拟用户的数量)或其他加载方式来观察不同负载下系统的响应时间和数据吞吐量、系统占用的资源(如 CPU、内存)等,以检验系统的行为和特性,以发现系统可能存在的性能瓶颈、内存泄漏、不能实时同步等问题。

负载测试是为了发现系统的性能问题,负载测试需要通过系统性能特性或行为来发现问题,从而为性能改进提供帮助。负载测试中负载加载方式如下:

(1)单次加载,一次性加载特定数量并发,并发同时产生。

(2)递增加载,不设定总并发数,每隔一段加载一定数量的并发。随着时间的推移,并发数不断增加,直到出现系统性能的瓶颈。

(3)增减加载,加载并发数数量多次大幅度变化,即一段时间并发量大,一段时间并发量小。

⊙5.3　压力测试

压力测试又叫强度测试,是模拟巨大的工作负荷来测试应用程序在峰值情况下如何执行操作的。例如在极限负荷情况下被测系统的可靠性和响应时间,目的是识别极限负载下程序的弱点。压力测试主要是以软件响应速度为测试目标,尤其是针对在较短时间内大量并发用户访问时软件的抗压能力。因此,压力测试是在一种需要超负荷数量、频率、资源下运行系统的测试。

压力测试的基本原则:

(1)重复,压力测试第一原则就是重复,即一遍一遍地执行某个操作或功能,确认每次执行时都正常。

(2)并发,并发是同时执行多个操作的行为,及同一时间内执行多个操作。

(3)量级,压力测试最重要的原则。压力测试的负载量必须要超过常规负载,可以是单操作负载和多操作负载。

(4)随机,压力测试的操作负载类型要随机选择。

⊙5.4　容量测试

容量可以看作系统性能指标中一个特定环境下的一个特定性能指标,即设定的界限或极限值。容量测试目的是通过测试预先分析出反映软件系统应用特征的某项指标的极限值(如最大并发用户数、数据库记录数等),系统在其极限值状态下没有出现任何软件故障或还能保持主要功能正常运行。容量测试还将确定测试对象在给定时间内能够持续处理的最大负载或工作量。对软件容量的测试,能让软件开发商或用户了解该软件系统的承载能力或提供服务的能力,如某个电子商务网站所能承受的、同时进行交易或结算的在线用户数。知道了系统的实际容量,如果不能满足设计要求,就应该寻求新的技术解决方案,以提高系统的容量。有了对软件负载的准确预测,不仅能对软件系统在实际使用中的性能状况充满信心,同时也可以帮助用户经济地规划应用系统,优化系统的部署。

容量测试有时候进行一些组合条件下的测试,如核实测试对象在以下高容量条件下能否正常运行:

（1）连接或模拟了最大（实际或实际允许）数量的客户机。

（2）所有客户机在长时间内执行相同的、可能性能不稳定的重要业务功能。

（3）已达到最大的数据库大小（实际的或按比例缩放的），而且同时执行多个查询或报表事务。

容量测试的完成标准可以定义为：所计划的测试已全部执行，而且达到或超出指定的系统限制时没有出现任何软件故障。

需要注意的是，不能简单地说在某一标准配置服务器上运行某软件的容量是多少。选用不同的加载策略可以反映不同状况下的容量。举一个简单的例子，网上聊天室软件的容量是多少？在一个聊天室内有 1000 个用户，和 100 个聊天室每个聊天室内有 10 用户。同样的 1000 个用户，在性能表现上可能会出现很大的不同，在服务器端数据处理量、传输量是截然不同的。在更复杂的系统内，就需要分更多种情况提供相应的容量数据作为参考。

⊙5.5　安全性测试

安全性测试（Security Testing）是指有关验证应用程序的安全等级和识别潜在安全性缺陷的过程。应用程序级安全测试的主要目的是查找软件自身程序设计中存在的安全隐患，并检查应用程序对非法侵入的防范能力，根据安全指标不同测试策略也不同。安全性测试并不最终证明应用程序是安全的，而是用于验证所设立策略的有效性，这些对策是基于威胁分析阶段所做的假设而选择的。例如，测试应用软件在防止非授权的内部或外部用户的访问或故意破坏等情况时的运作。

5.5.1 安全性测试方法

静态的代码安全测试，主要通过对源代码进行安全扫描，根据程序中数据流、控制流、语义等信息与其特有软件安全规则库进行匹对，从中找出代码中潜在的安全漏洞。静态的源代码安全测试是非常有用的方法，它可以在编码阶段找出所有可能存在安全风险的代码，这样开发人员可以在早期解决潜在的安全问题。

动态的渗透测试。渗透测试也是常用的安全测试方法。是使用自动化工具或者人工的方法模拟黑客的输入，对应用系统进行攻击性测试，从中找出运行时刻所存在的安全漏洞。这种测试的特点就是真实有效，一般找出来的问题都是正确的，也是较为严重的。但渗透测试一个致命的缺点是模拟的测试数据只能到达有限的测试点，覆盖率很低。

程序数据扫描。一个有高安全性需求的软件，在运行过程中数据是不能遭到破坏的，否则就会导致缓冲区溢出类型的攻击。数据扫描的手段通常是进行内存测试，内存测试可以发现许多诸如缓冲区溢出之类的漏洞，而这类漏洞使用除此之外的测试手段都难以发现。例如，对软件运行时的内存信息进行扫描，看是否存在一些导致隐患的信息，当然这需要专门的工具来进行验证，手工做是比较困难的。

5.5.2 常见的软件安全性缺陷和漏洞

缓冲区溢出。缓冲区溢出已成为软件安全的头号公敌，许多实际中的安全问题都与它有关。造成缓冲区溢出问题通常有以下两种原因。①设计空间的转换规则的校验问题。即缺乏对可测数据的校验，导致非法数据没有在外部输入层被检查出来并丢弃。非法数据进入接口层和实现层后，由于它超出了接口层和实现层的对应测试空间或设计空间的范围，从而引起溢出。②局部测试空间和设计空间不足。当合法数据进入后，由于程序实现层内对应的测试空间或设计空间不足，导致程序处理时出现溢出。

加密弱点。这几种加密弱点是不安全的:①使用不安全的加密算法。加密算法强度不够，一些加密算法甚至可以用穷举法破解。②加密数据时密码是由伪随机算法产生的，而产生伪随机数的方法存在缺陷，使密码很容易被破解。③身份验证算法存在缺陷。④客户机和服务器时钟未同步，给攻击者足够的时间来破解密码或修改数据。⑤未对加密数据进行签名，导致攻击者可以篡改数据。所以，对于加密进行测试时，必须针对这些可能存在的加密弱点进行测试。

错误处理。一般情况下，错误处理都会返回一些信息给用户，返回的出错信息可能会被恶意用户利用来进行攻击，恶意用户能够通过分析返回的错误信息知道下一步要如何做，才能使攻击成功。如果错误处理时调用了一些不该有的功能，那么错误处理的过程将被利用。错误处理属于异常空间内的处理问题，异常空间内的处理要尽量简单，使用这条原则来设计可以避免这个问题。但错误处理往往牵涉到易用性方面的问题，如果错误处理的提示信息过于简单，用户可能会一头雾水，不知道下一步该怎么操作。所以，在考虑错误处理的安全性的同时，需要和易用性一起进行权衡。

权限过大。如果赋予过大的权限，就可能导致只有普通用户权限的恶意用户利用过大的权限做出危害安全的操作。例如没有对能操作的内容做出限制，就可能导致用户可以访问超出规定范围的其他资源。进行安全性测试时必须测试应用程序是否使用了过大的权限，重点要分析在各种情况下应该有的权限，然后检查实际中是否超出了给定的权限。权限过大问题本质上属于设计空间过大问题，所以在设计时要控制好设计空间。

⊙5.6　可靠性测试

软件失效是由设计缺陷造成的，软件的输入决定是否会遇到软件内部存在的故障。因此，用同样一组输入反复测试软件并记录其失效数据是没有意义的。在软件没有改动的情况下，这种数据只是首次记录的不断重复，不能用来估计软件可靠性。软件可靠性测试强调按实际使用的概率分布随机选择输入，并强调测试需求的覆盖面。软件可靠性测试也不同于一般的软件功能测试，软件可靠性测试更强调测试输入与典型使用环境输入统计特性的一致，强调对功能、输入、数据域及其相关概率的先期识别。软件可靠性测试必须按照使用的概率分布随机地选择测试实例，这样才能得到比较准确的可靠性估计，也有利于找出对软件可靠性影响较大的故障。此外，软件可靠性测试过程中还要求比较准确地记录软件的运行时间，它的输入覆盖一般也要大于普通软件功能测试的要求。

软件可靠性测试的主要目的：

(1)通过在有使用代表性的环境中执行软件，以证实软件需求是否正确实现。

(2)为进行软件可靠性估计采集准确的数据。估计软件可靠性一般可分为四个步骤，即数据采集、模型选择、模型拟合以及软件可靠性评估。可以认为，数据采集是整个软件可靠性估计工作的基础，数据的准确与否关系到软件可靠性评估的准确度。

(3)通过软件可靠性测试找出所有对软件可靠性影响较大的错误。

经过软件可靠性测试的软件并不能保证该软件中残存的错误数最小，但可以保证该软件的可靠性达到较高的要求。从工程的角度来看，一个软件的可靠性高不仅意味着该软件的失效率低，而且意味着一旦该软件失效，由此所造成的危害也小。一个大型的工程软件没有错误是不可能的，至少理论上还不能证明一个大型的工程软件能没有错误。因此，保证软件可靠性的关键不是确保软件没有错误，而是要确保软件的关键部分没有错误。更确切地说，是要确保软件中没有对可靠性影响较大的错误。软件可靠性测试的侧重点不同于一般的软件功能测试，其测试实例设计的出发点是寻找对可靠性影响较大的故障。因此，要达到同样的可靠性要求，可靠性测试比一般的功能测试更有效，所花的时间也更少。另外，软件可靠性测试的环境是具有使用代表性的环境，这样，所获得的测试数据与软件的实际运行数据比较接近，可用于软件可靠性估计。

软件可靠性测试一般可分为四个阶段：制定测试方案，制定测试计划，进行测试并记录测试结果，编写测试报告。

(1)制订测试方案。本阶段的目标是识别软件功能需求，触发该功能的输入和对应的数据域，确定相关的概率分布及需强化测试的功能。

(2)分析功能需求。分析各种功能需求，识别触发该功能的输入及相关的数据域，包括合法与不合法的两部分。

(3)定义失效等级。判断是否存在出现危害度较大的 1 级和 2 级失效的可能性。如果这种可能性存在，则应进行故障树分析，标识出所有可能造成严重失效的功能需求和其相关的输入域。

(4)确定概率分布。确定各种不同运行方式的发生概率，判断是否需要对不同的运行方式进行分别测试。如果需要，则应给出各种运行方式下各数据域的概率分布；否则，给出各数据域的概率分布。

（5）整理概率分布的信息。将这些信息编码送入数据库。

（6）制订测试计划。本阶段的目标是根据前一阶段整理的概率分布信息生成相对应的测试实例集，并计算出每一测试实例预期的软件输出结果。编写测试计划，确定测试顺序，分配测试资源。由于本阶段前一部分的工作需要考虑大量的信息和数据，因此需要一个软件支持工具，建立数据库，并产生测试实例。另外，有时预测软件输出结果也需要大量的计算，有些复杂的软件甚至要用到仿真器模拟输出结果。

（7）测试实施。本阶段需注意的是被测软件的测试环境，包括硬件配置和软件支撑环境，应和预期的实际使用环境尽可能一致，对某些环境要求比较严格的软件（如嵌入式软件）则应完全一致。测试时按测试计划和顺序对每一个测试实例进行测试，判断软件输出是否符合预期结果。测试时应记录测试结果、运行时间和判断结果。如果软件失效，那么还应记录失效现象和时间，以备以后核对。

（8）编写测试报告。按软件可靠性估计的要求整理测试记录，并将结果写成报告。

⊙5.7　兼容性测试

兼容性测试将验证软件对其所依赖的环境的依赖程度，包括对硬件平台的依赖程度和对软件平台的依赖程度，即是通常说的软件的可移植性。兼容性测试主要关注：

（1）待测试项目在同一操作系统平台的不同版本、不同的操作系统平台上是否能很好地运行。

（2）待测试项目是否能与相关的其他软件和平共处，会不会有相互不良的影响。

（3）待测试项目是否能在指定的硬件环境中正常运行，软件和硬件之间能否发挥很好的效率工作，会不会影响或导致系统的崩溃。

（4）待测试项目是否能在不同的网络环境中正常运行。

兼容性测试主要目的是为了兼容第三方软件，确保第三方软件能正常运行，用户不受影响。由于各类应用软件和系统软件已经到了多如牛毛的地步，而且可以预见还将继续以爆炸式的速度增长，软件之间的数据共享和系统资源分享成为一个问题，这也是兼容性测试的意义所在。兼容性测试包括硬件兼容性测试、软件兼容性测试、数据兼容性测试。本书只讨论软件兼容性测试和数据兼容性测试。

5.7.1 软件兼容性测试

软件兼容性测试是指检查软件之间是否能够正确地进行交互和共享信息。交互可以是同时运行于同一台计算机上，或在相隔甚远的不同计算机上的两个程序之间进行。理论上任何两个软件之间都有冲突的可能，因此软件的兼容性就成为了衡量软件好坏的一个重要指标。软件兼容性测试包括：

（1）操作系统/平台的兼容性测试。进行平台的兼容性测试的目的是保证我们的待测试项目在该操作系统平台下能正常运行。用户使用操作系统的类型，直接决定了我们操作系统平台兼容性测试的平台数量，应用软件的最终用户究竟使用哪一种操作系统，取决于用户系统的配置。这样就可能会发生兼容性问题，同一个软件可能在某些操作系统下能正常运行，但在另外的操作系统下可能会运行失败，因此理想的软件应该具有平台无关性。

（2）应用软件兼容性测试。软件在运行中总是需要与其他软件进行交互，而任何交互问题都可能引起软件的运行问题。软件运行需要哪些应用软件支持，判断与其他常用软件一起使用，是否会造成其他软件运行错误或本身不能正确实现其功能。因此要针对与该软件可能发生交互的软件进行兼容性测试。

（3）浏览器兼容性测试。现在好多应用软件都应用 B/S 结构，它们的客户端都使用浏览器。因此，浏览器是 Web 客户端最核心的构件，但来自不同厂商的浏览器对 Java、JavaScript、ActiveX、plug – ins 或 HTML 规格都有不同的支持，即使是同一厂家的浏览器，也存在不同的版本的问题。例如，ActiveX 是 Microsoft 的产品，是为 Internet Explorer 而设计的，JavaScript 是 Netscape 的产品，Java 是 Sun 的产品等。另外，框架和层次结构风格在不同的浏览器中也有不同的显示，甚至根本不显示。不同的浏览器对安全性和 Java 的设置也不一样。所以，测试不同厂商、不同版本的浏览器对某些构件和设置的适应性，也是软件兼容性测试的重点之一。

5.7.2 数据兼容性测试

通常一个系列中不同软件通过约定好的数据格式实现集成，不同的软件通过标准的数据格式进行集成，这个时候就需要针对相应的一种或多种数据格式检查被测软件是否可以通过复合数据格式的各种数据进行正确的交互。数据兼容性测试包括：

（1）数据格式兼容性。一个软件系统在其生命周期里会出现一系列的版本，所以测试新版本软件能否兼容旧版本的数据是兼容性测试的一个重要方面，需要针对不同的版本进行兼容性测试。例如，当软件升级后可能会定义新的数据格式或文件格式，这就涉及到对原有格式的支持及更新，原有用户记录在新格式下是否依然可用等。另外还需要测试转换过程中数据的完整性与正确性。

（2）数据库兼容性。如果软件需要支持不同的数据库，需要针对不同的数据库产品进行兼容性测试。现在很多软件尤其是 MIS（管理信息系统）、ERP、CRM 等软件都需要数据库系统的支持，对此类软件应考虑对不同数据库平台的支持能力，如从 sql server 平台替换到 Oracle 平台，软件是否可直接挂接，或者提供相关的转换工具。

（3）其他数据兼容性。软件是否提供对其他常用数据格式的支持，例如办公软件是否支持常用的 DOC、WPS 等文件格式，支持的程度如何，即软件是否能完全正确地读出这些格式的文件。

⊙5.8　性能测试工具 PerformanceRunner 介绍

PerformanceRunner 是一款自动化压力测试工具，通过加载不同的测试组件，实现面向不同协议的测试，通过模拟多种正常、峰值以及异常负载条件来对系统的各项性能指标，找出性能方面的问题，发现性能瓶颈，优化设计。

5.8.1 PerformanceRunner 简介

PerformanceRunner 自动测试工具适用于常规压力测试、极限压力测试、负载测试、可靠性测试等，可以提高测试效率，降低测试人工成本，帮助用户寻找被测对象的缺陷，特别是对于一些通过手工测试很难发现的缺陷。

PerformanceRunner 具备以下特性：

（1）基于 HTTP 协议的性能测试，一般为 B/S 架构的 Web 程序。

（2）基于 SOKCET 协议的性能测试，一般为 C/S 架构的桌面程序。

（3）使用 BeanShell 语言作为脚本语言，使脚本更少，更易于理解。BeanShell 语法自身也兼容 Java 语法。

（4）采用关键字提醒、关键字高亮的技术，提高脚本编写的效率。

（5）提供了强大的脚本编辑功能。

（6）具有优秀的录制功能，能够一次录制非常完善的脚本和资源，降低了测试人员修改脚本的工作量。对于不熟悉编程的测试人员来说，是非常有价值的。

（7）支持各种需求的校验。包括对如 header 字段的各项属性，服务器返回的内容、数据库、Excel 表格、正则表达式等的校验。

（8）支持参数化，同时支持数据驱动的参数化。

（9）支持测试过程的错误提示功能。

（10）丰富的命令函数，有利于测试人员进行各种功能测试，熟练掌握这些命令函数，能够让测试人员编写出更简练、更高效的测试脚本。

PerformanceRunner3.0 新增了许多命令函数，有利于测试人员进行各种功能测试，熟练掌握这些命令函数，能够让测试人员编写出更简练、更高效的测试脚本。

PerformanceRunner 的界面由生成器、执行器、分析器组成。

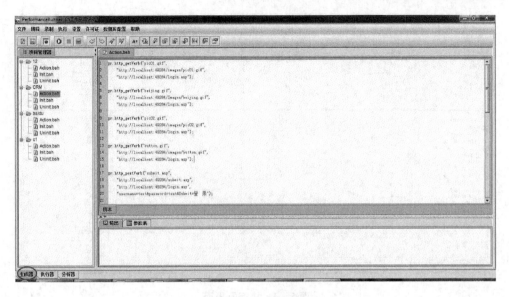

图 5 - 1　生成器界面

生成器界面如图 5 - 1。测试或监控环境时，需要在系统中模拟用户的真实行为。Perfor-manceRunner 测试工具模拟多个用户在系统中同时工作或访问系统的环境。虚拟用户 Vuser 执行的操作在 Vuser 脚本中进行描述。用于创建 Vuser 脚本的主要工具是脚本生成器。生成器可以录制 Vuser 脚本，并运行 Vuser 脚本。使用生成器运行脚本有助于进行调试。使用生成器可模拟 Vuser 脚本在大型测试中的运行情况。录制 Vuser 脚本时，生成器会生成多个函数，用以定义录制会话期间所执行的操作。生成器将这些函数插入到脚本编辑器中以创建基本 Vuser 脚本。

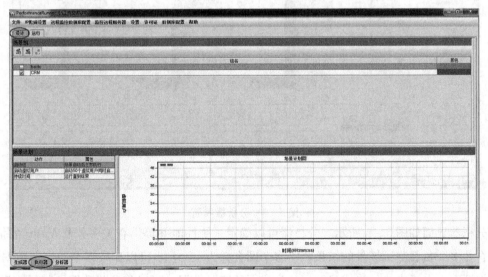

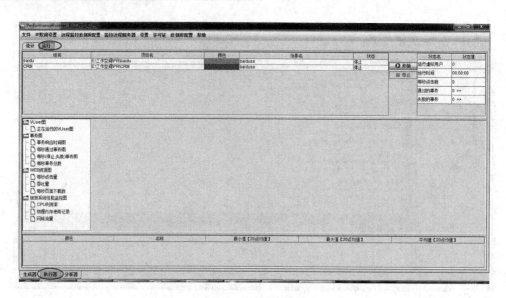

图 5-2　执行器界面

执行器界面如图 5-2。执行器分为设计部分和运行部分两块。使用 PerformanceRunner 测试系统，必须创建负载测试场景。场景定义每次测试期间发生的事件。场景定义并控制要模拟的用户数、这些用户执行的操作以及用于运行模拟场景的计算机。执行器负责设计场景、运行场景、控制场景、各种波形图生成等。

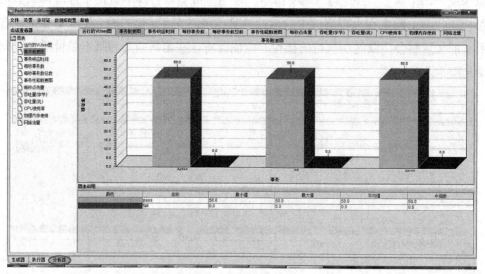

图 5-3　分析器界面

分析器界面如图 5-3 所示。分析器可以确定系统性能并提供有关事务及 Vuser 的信息。通过合并多个负载测试场景的结果或将多个图合并为一个图，可以比较多个图。图数据和原始数据视图以电子表格的格式显示用于生成图的实际数据。可以将这些数据复制到外部电子表格应用程序做进一步处理。使用报告功能可以查看每个图的概要。报告自动以图形或表格的形式概括和显示测试的重要数据。可以根据可自定义的报告模板生成报告。

5.8.2 PerformanceRunner 安装

PerformanceRunner 运行在 Windows 平台上，下表为 PerformanceRunner3.0 的配置要求：

表 5 - 1   PerformanceRunner 安装配置表

CPU	2.4GHz 以上
内存	不少于 128M
硬盘	不少于 150M 剩余硬盘空间
操作系统	WindowsXP/windows2000/windows2003/windows2008 server/windows vista/windows7

PerformanceRunner 安装步骤如下：

(1) 双击安装文件，进入下一步。

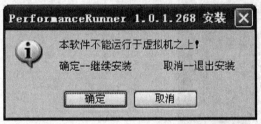

图 5 - 4   PerformanceRunner 安装文件

(2) 注意 PerformanceRunner 不允许安装在虚拟机上。

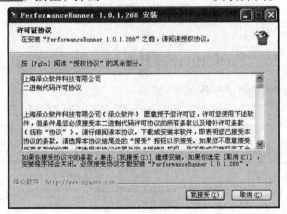

图 5 - 5   PerformanceRunner 安装提示

(3) 单击 " 确定 " 按钮，弹出 PerformanceRunner 安装界面。

图 5 - 6   安装协议

（4）单击" 我接受(I) "按钮，打开选择 PerformanceRunner 安装路径弹窗，此处按默认路径安装。

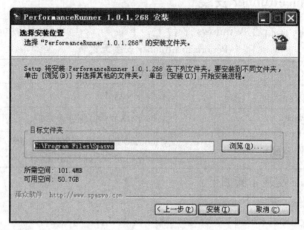

图 5 - 7   安装路径选择

（5）单击" 安装(I) "按钮，开始安装。点击完成后即完成安装。

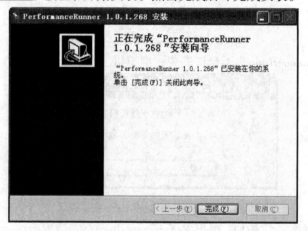

图 5 - 8   完成安装

⊙5.9   PerformanceRunner 性能测试实践

PerformanceRunner 性能测试流程如下：

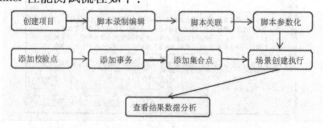

图 5 - 9   PerformanceRunner 测试流程

实验一　PerformanceRunner 脚本录制与回放。

实验目的和要求:

(1)掌握 PerformanceRunner 初次使用工作空间的设置和工作空间的改变。

(2)掌握项目脚本的新建。

(3)掌握脚本的录制。

(4)掌握脚本的回放。

实验过程:

(1)工作空间选择。打开 PerformanceRunner. exe 快捷键,若是初次使用,会弹出设置工作空间的消息框,点击"继续",选择工作空间,以后我们所有新建的项目都在这个工作空间里面。也可以在通过"文件"-"改变工作空间"的方式改变 PERFORMANCERUNNER 的工作空间。

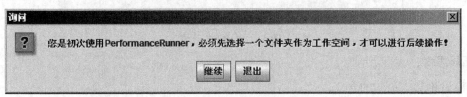

图5-10　工作空间选择

(2)脚本录制需要选择协议、需要录制的程序、程序参数。

```
开始录制                                                    X

需要录制的协议:      Http                          ▼

需要录制的程序:      gram Files\Internet Explorer\iexplore.exe ▼  ...

程序的输入参数:      http://localhost/login.asp      ▼

程序的进程名称:

程序的工作路径:                                      ...

☑ 程序启动就录制

☑ 全新录制

        确定                      取消
```

图5-11　脚本录制

(3)回放脚本,对于 HTTP 协议,在回放之前要先做关联。方法是点击【执行】菜单中的【关联】菜单项,或是直接点击快捷栏上的关联图标进行关联。点击快捷栏的"开始执行"按钮,运行脚本,若运行成功,输出栏如下图所示。

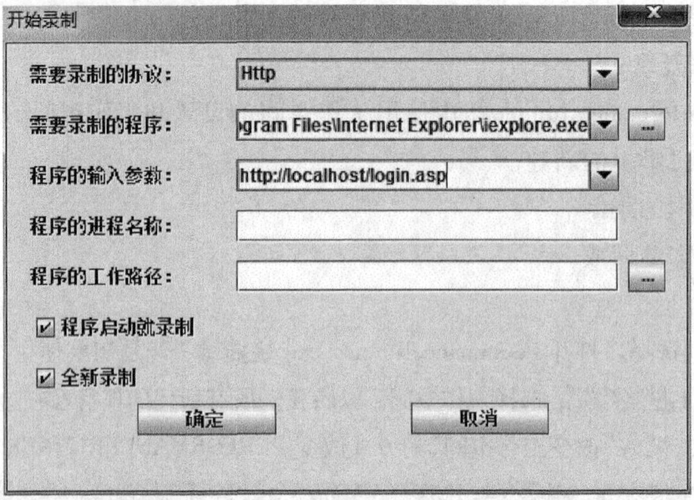

图 5 - 12　脚本回放

拓展思考：

（1）讨论脚本语句的含义。

（2）若出现运行不成功，或者无法录制的情况，该如何处理？

实验二　PerformanceRunner 脚本添加事务、添加集合点、关联。

实验目的和要求：

（1）理解"事务"的概念。

（2）理解添加事务的意义。

（3）掌握添加事务的方法，脚本语句。

（4）掌握 PerformanceRunner 集合点的概念意义。

（5）掌握 PerformanceRunner 添加集合点的脚本语句。

（6）理解关联的概念。

（7）理解关联的意义。

（8）掌握关联函数的用法。

（9）掌握关联的操作步骤。

实验过程：

事务，就是在脚本中定义的某段操作，也可以说是一段脚本语句。录制的脚本没有插入事务时，是一个整体，很难分析系统瓶颈是哪些动作导致的，所以我们引入事务。把一个较大的脚本中不同的动作，分成不同的事务，然后进入性能分析，这样在性能分析里边就可以把每个事务分别进行分析，更详细、具体地知道是用户的哪些动作对系统性能影响比较大。定义事务时，首先在脚本中找到事务的开始和结束位置，然后分别插入起始标记。当脚本运行的时候，PerformanceRunner 会自动在事务的起始点开始计时，脚本运行到事务的结束点时计时结束，系统会自动记录这段操作的运行时间等性能数据。在脚本运行完毕以后，系统会在结果信息中单独反映每个事务的运行结果。

集合点用以同步虚拟用户以便恰好在同一时刻执行任务。在测试计划中，可能会要求系统能够承受 100 人同时登录，在 PerformanceRunner 中可以通过在登录操作前面加入集合点，这样当虚拟用户运行到登录的集合点时，PerformanceRunner 就会检查同时有多少用户运行到集合点，如果不到 100 人，PerformanceRunner 就会命令已经到集合点的用户在此等待，当在集合点等待的用户达到 100 人时，PerformanceRunner 命令 100 人同时去登录，从而达到测试计划中的需求。系统负荷最大的情况是所有用户都集中到系统瓶颈的某个点上进行操作。为了解决这个情况，PerformanceRunner 提供了集合点的功能，帮助测试人员实现真正意义上的迸发。

什么时候需要做关联？要想弄清这个问题，我们首先要知道客户端与服务器端的请求与响应的过程。客户端发出获得登录页面的请求，服务器端得到该请求后，返回登录页面，同时动态生成一个 Session Id，当用户输入用户名密码，请求登录时，该 Session Id 同时被发送到服务器端，如果该 Session Id 在当前会话中有效，那么返回登录成功的页面，如果不正确则登录失败。在第一次录制过程中 PerformanceRunner 把这个值记录了下来，写到了脚本中，但再次回放时，客户端发出同样的请求，而服务器端再一次动态地生成了 Session Id，此时客户端发出的请求就是错误的，为了获得这个动态的 Session Id 我们这里用到了关联。即当客户端的某个请求是随着服务器端的相应而动态变化的时候，我们就需要用到关联。当然我们在录制脚本时应该对测试的项目进行适当的了解，知道哪些请求需要用到服务器响应的动态值，如果我们不明确哪些值需要做关联的话，我们也可以将脚本录制两遍，通过对比脚本的方法来查找需要关联的部分，但并不是说两次录制的所有不同点都需要关联，具体情况具体分析。

拓展思考：

(1)若添加事务后，事务概要图中并未单独反映添加的事务，分析原因。

(2)讨论添加集合点和不添加集合点的实验现象是否有明显不同。

(3)什么时候需要做关联？

实验三　PerformanceRunner 脚本参数化，检查点。

实验目的和要求：

(1)掌握自动化测试的理念。

(2)掌握 PerformanceRunner 参数化的概念。

（3）掌握 PerformanceRunner 参数化的意义。

（4）掌握 PerformanceRunner 参数化的方法。

（5）掌握添加数据库检查点的方法。

（6）理解数据库检查的意义。

（7）理解添加 Excel 表检查点的目的。

实验过程：

自动测试过程就是通过模拟人工操作，完成对被测试系统的输入，并且对输出进行检验的过程。自动测试是由软件代替人工操作，对被测试系统发出指令，模拟操作，完成自动测试过程。一条普通脚本只能执行某个特定的动作，若想执行另一个动作需要把脚本手动做修改，为了解决这个问题，我们引入"参数化"的概念，将脚本参数化后，不需要每次都更改脚本语句就可以执行不同的功能。脚本参数化之前，必需要编辑好参数表。

添加数据库校验点的目的是检验数据库中是否存在我们在被测系统中添加的字段。也就是说检验被测系统中添加的信息是否成功添加到后台数据库。通过添加校验数据库检查点，我们无需打开后台数据库去查找数据，只需要查看脚本执行结果就知道数据库中有没有我们需要查找的信息。

添加 Excel 检查点的目的是检查被测 Excel 表中某一个单元格中的数据是否和我们期望的数据一致。

拓展思考：

（1）PerformanceRunner 进行参数化的目的是什么？

（2）如果脚本执行失败，应该如何处理？

（3）若运行结果提示："checkExcelCell C:checkExcel.xls 行号越界！" 执行失败！如何解决？

实验四　PerformanceRunner 脚本场景设置与 IP 欺骗。

实验目的和要求：

（1）理解场景的概念和意义。

（2）掌握创建场景的方法。

（3）掌握场景的设置。

（4）理解什么是 IP 欺骗。

（5）理解 IP 欺骗的目的。

（6）掌握 IP 欺骗设置的方法。

实验过程：

使用 PerformanceRunner 测试被测系统，必须创建负载测试场景。场景定义每次测试期间发生的事件，并控制要模拟的用户数，这些用户执行的操作以及用于运行模拟场景的计算机。执行器负责设计场景、运行场景、控制场景、各种波形图生成等。

当运行 Scenario 时，Vuser 使用 PerformanceRunner 所在机器的固定 IP 地址，同时每个 PerformanceRunner 上运行大量的虚拟用户，这样就造成了大量的用户使用同一 IP 同时访问一个网站的情况，这种情况和实际运行的情况不符，并且有一些网站在设计的时候会根据用户 IP 来分配资源，这些网站会限制同一个 IP 的多次登录。为了更加真实地模拟实际环境，PerformanceRunner 允许运行的虚拟用户使用不同的 IP 访问同一网站，通过"IP 欺骗"，场景中运行的虚拟用户将模拟从不同的 IP 地址向网站发送请求，从而避免了网站限制登录的情况。

拓展思考：

（1）讨论场景设置的意义。

（2）做性能测试的时候，为什么要启用 IP 欺骗？

（3）讨论如果不移除虚拟 IP，会出现什么情况？

实验五　PerformanceRunner 监测被测系统。

实验目的和要求：

（1）掌握监测被测系统的作用。

（2）掌握监测被测系统的配置方法。

（3）实时监控被测系统的资源使用情况。

实验过程：

监测远程服务器的作用。一般在客户端通过 PerformanceRunner 对服务器进行压力测试，都需要实时监控服务器端的系统资源，以便测试者随时了解被测系统资源使用情况，其实也可以直接在远程连接服务器端在上面开启任务管理器或者在控制面板中找到性能计数器来监控也可以，但是在 PerformanceRunner 进行施压过程中更便捷。

监控被测系统前提条件：

必须知道被测系统所在服务器的 IP 地址、用户名和密码，被测系统必须为 windows 系统。

需开启以下服务：

Remote Access Auto Connection Manager

Remote Access Connetion Manager

Remote Procedure Call（RPC）

Remote Procedure Call（RPC）Locator

Remote Registry

Server

如果被测系统为 win7，必须使用管理员身份运行。

拓展思考：

（1）讨论为什么要监测被测系统。

（2）除了在 PerformanceRunner 里设置监测远程服务器外，还可以用什么办法查看被测系统资源使用情况？

实验六　PerformanceRunner 脚本添加事务、添加集合点、关联。

实验目的和要求：

（1）掌握生成每个报表的作用。

（2）了解报表的分析。

实验过程：

运行的 vuser 图：对于判断在给定的时间点被测对象上的虚拟用户负载非常有用。另外此图常常跟其他的图表进行关联，比如跟事务响应时间图、吞吐量图等等进行关联，可以看出在多大用户量的情况下响应时间最大，吞吐量最高等等。

事务概要图：显示了场景或会话步骤中成功的事务和失败的事务的最小、最大和平均性能时间。

事务响应时间：是在测试场景运行期间的每一秒内，执行各个事务所用的平均时间，通过它可以分析测试场景运行期间应用系统的性能走向。此外，事务平均响应时间图还提供了测试场景运行期间内各个事务响应时间的最大值、最小值、平均值等信息，这些值是度量事务响应时间是否满足用户需求的重要参考依据。

每秒事务数：（TRS）是在场景运行的每一秒中，每个事务通过、失败以及停止的数量，是考查系统性能的一个重要参数，通过它可以确定系统在任何给定时刻的实际事务负载，通过分析单位时间内通过的事务数，可以直接看出系统的性能变化趋势。

每秒事务总数：是场景在运行时，每一秒内通过的事务总数、失败的事务总数以及停止的事务总数。如果性能稳定，在同等压力下，每秒通过事务总数图应该接近一条直线，而不是逐渐倾斜。与每秒通过事务数（TRS）图相比，每秒通过事务总数图更关注服务器整体处理事务的情况，是一个宏观的概念。

事务性能概要图：查看事务中每个页面组件的下载时间，显示了场景或会话步骤中所有事务的最小、最大和平均性能时间。

每秒点击量：每秒点击次数即点击率图，是指在场景运行过程中虚拟用户每秒向 Web 服务器提交的 HTTP 请求数。

吞吐量（字节/兆）：是指在场景运行过程中服务器每秒的吞吐量。表示在任何给定的某一秒钟虚拟用户从服务器获得的数据量。依据服务器的吞吐量可以评估虚拟用户产生的负载量。

CPU 使用率：显示单位时间内占用 CPU 资源的情况。

物理内存使用：单位时间内程序占用内存的百分率。

网络流量：显示单位时间内的网络流量（上传与下载）。

拓展思考：

如何对性能测试图表作详细分析？

思考题：

1. 性能测试的目的是什么？

2. 负载测试中负载的加载方法有哪些？

3. 压力测试与负载测试的区别是什么？

4. 常见的安全性缺陷有哪些？

5. 兼容性测试有哪些类型？分别都有什么特点？

※第6章 测试过程管理

作为软件项目开发的一个必要组成部分,软件测试同样需要很好的组织及管理。软件测试管理包含的内容很多,本章主要基于软件测试项目阐述软件测试过程中的管理,包括项目组织架构、项目过程节点、项目文档、过程控制等。最后介绍了测试管理工具 TestCenter 及实践。

软件测试是软件开发的重要组成部分,测试团队肩负着重要责任。在项目的前期,需求文档确立基线前对文档进行测试,从用户体验和测试的角度提出自己的看法。针对测试需求进行相关测试技术的研究。根据项目的实际需求,编写合理的测试计划,并与项目整体计划有机地整合在一起。编写高效、覆盖率高的测试用例。实施测试工作,并提交测试报告供项目组参考。进行缺陷跟踪与分析。对测试整个过程进行总结,完善和优化测试流程,提高和改进测试方法和技术。

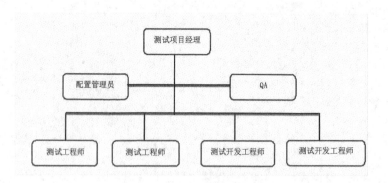

图 6-1 测试项目组织架构

⊙6.1 测试项目组织架构

软件测试团队结构类型有很多,常见的是部门形式和项目组形式。

部门形式测试团队人员较多,任务范围较广,不同人可能参与不同的项目或产品测试。小型企业中测试部门一般依附于开发部门,作为开发人员的从属角色存在,测试范围较小,或只做后期的上线测试。大型企业中测试部门一般作为一个独立的部门,与开发部门协同展开工作,参与整个产品开发过程。

项目组测试团队形式人员相对较少,每个测试项目组任务单一,工作对象是单个项目或单一软件产品。在一个完整项目组形式测试团队中一般包括项目经理、配置管理员、QA、测试工程师、测试开发工程师。每个项目角色职能如下:

项目经理,对项目进度、质量等进行监控,保证项目高效高质量的实施;负责测试项目实施计划的管理与实施过程的管理;负责实施过程中的风险评估、风险防范与风险处理;制定成员工作计划,检查工作完成情况;编写测试计划、测试结果分析和报告,并能够帮助测试工程师完成工作;对本小组提出的缺陷报告负责。

配置管理员,熟练利用配置管理工具的各个方面的功能,提高配置管理的效率;为项目控制好版本,保证项目各阶段所使用的版本正确;及时发现项目问题,把问题及时反馈给测试经理、QA 并积极协助解决;对被测软件进行配置管理和版本控制,记录系统升级时间、升级次数等。

QA,参与测试质量体系建设、持续改进;负责对项目过程质量进行度量,并对项目过程质量进行评估;负责跟踪项目进展,在过程中发现、收集、暴露问题并推动问题解决;负责组织试点软件测试时间活动的开展,并对活动的效果进行评估;对颁布的流程进行监控以保证其执行并反馈其适合项目的程度供决策参考。

测试开发工程师,负责所有进行测试驱动的研发工作;根据研发任务进度表,按时提交测试驱动程序;辅助各个小组完成测试工作;负责数据库的备份和恢复。

测试工程师,根据软件需求进行测试需求分析、测试用例设计并确保需求覆盖率;执行测试用例,提交缺陷报告并跟踪缺陷处理流程。

⊙6.2　软件配置管理

软件配置管理(Software Configuration Management, SCM)又称软件形态管理或软件建构管理,是一种标识、组织和控制修改的技术。SCM 活动界定软件的组成项目,对每个项目的变更进行管控(版本控制),并维护不同项目之间的版本关联,以使软件在开发过程中任一时间的内容都可以被追溯。SCM 通过在整个软件的生命周期中提供标识和控制文档、源代码、接口定义和数据库等工具的机制,提供满足需求、符合标识、适合项目管理及其他组织策略的软件开发和维护的方法,为管理和产品发布提供支持信息,如基线的状态,变更控制、测试、发布、审计等来提升软件的可靠性和质量。

配置标识，即对每个配置项的标识，是配置管理的基础。配置标识主要是标识测试对象、测试标准、测试工具、测试文档、测试用例、测试报告等配置项的名称和类型。所有的配置项按照模板生成，生成文档中须记录对象的标识信息(配置项所有者、存储位置、相关权限人、基准化时间)，并根据相关规定统一进行编号。测试相关人员通过配置项标识就可知道每个配置项的基本信息和大致内容。

变更控制，软件项目进行过程变更是不可避免的，开发和测试计划都会随着项目的推进实际情况产生变化。变更控制的目的不是控制和限制变更的发生，而是对变更进行有效的管理，确保变更有序进行。变更会有专门的变更流程，图6-2列出了变更的典型流程。

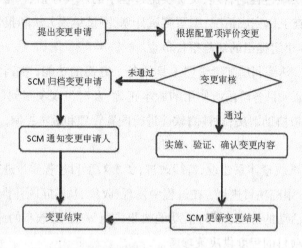

图6-2 软件变更典型流程

当有软件变更时，变更申请人提交软件变更申请填写软件变更申请单，项目组成员根据配置项评价变更。项目组开会审核是否接受变更，如果拒绝接受变更，SCM将变更请求归档，并通知变更申请人；如果接受变更，项目组成员实施、验证、确认变更内容，生成系统的新版本，则变更流程结束。

配置状态报告是用于记载软件配置管理活动信息和软件基线内容的标准报告，其目的是及时、准确地给出软件配置项的当前状态，使受影响的组和个人可以使用它，同时报告软件工程活动的进展状况。通过不断地记录状态报告可以更好地进行统计分析，便于更好地控制配置项，更准确地报告开发进展状况。每次新分配一个配置项或更新一个已有配置项或更新一个已有配置项的标识，或者一项变更申请被变更控制负责人批准，并给出了一个工程变更顺序时，在配置状态报告中就要增加一条变更记录条目，一旦进行了配置审计，其结果也应该写入报告中。配置状态报告可以放在一个联机数据库中，以便开发人员或者维护人员可以对它进行查询或修改。配置状态报告应该包括以下内容：

定义配置状态报告形式和提交方式。

各变更请求内容:变更请求号、日期、申请人、状态、估计工作量、实际工作量、发行版本、变更结束日期。

确定测试报告提交的时间与方式及备份信息。

◉6.3 缺陷管理

软件缺陷管理(Defect Management)是在软件生命周期中识别、管理、沟通任何缺陷的过程(从缺陷的识别到缺陷的解决关闭),确保缺陷被跟踪管理而不丢失。一般的,需要跟踪管理工具来帮助进行缺陷全流程管理。不同成熟度的软件组织采用不同的方式管理缺陷。低成熟度的软件组织会记录缺陷,并跟踪缺陷纠正过程。高成熟度的软件组织,还会充分利用缺陷提供的信息,建立组织过程能力基线,实现量化过程管理,并可以此为基础,通过缺陷预防实现过程的持续性优化。

基于缺陷过程处理活动的缺陷管理典型流程如图6-3所示。

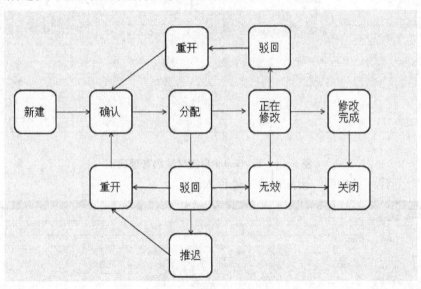

图6-3 基于缺陷过程处理活动图

图6-3是一个典型的缺陷处理活动图,正常缺陷处理活动流程为红线所示,即新建一条缺陷,经过确认后分配人员处理,处理人接到处理任务后开始修改,修改完成后缺陷即可关闭。但是实际处理过程中所提交缺陷本身可能会有异常,以下为异常举例:

(1)分配缺陷时发现所提交的缺陷是无效缺陷则直接驳回该条缺陷,经无效确认后直接关闭。

(2)分配缺陷时发现该缺陷暂时无需修复,则驳回该缺陷,并推迟修改,知道需要修改该缺陷的时候重开该缺陷，重开后进入正常处理流程。

（3）分配时发现缺陷描述不清，无法进行修改，则驳回该缺陷进行补充说明，完成后重开该缺陷进入正常流程。

（4）在修改人接到修改任务后发现该缺陷是无效缺陷，则直接改为无效，并进行关闭。

（5）修改时发现缺陷描述不清，无法进行修改，则驳回该缺陷进行补充说明，完成后重开该缺陷进入正常流程。

在实际缺陷处理时，不同的项目组织缺陷处理流程可能会有差别，小测试团队的处理流程会简化过程环节，大测试团队的处理流程会有更多的过程环节。缺陷管理一般需借助工具来实现。以下介绍 TestCenter 中缺陷管理的过程。

（1）自定义项目缺陷管理流程。

图 6-4　TestCenter 自定义缺陷管理流程

（2）新建一条缺陷，按流程指定处理人。

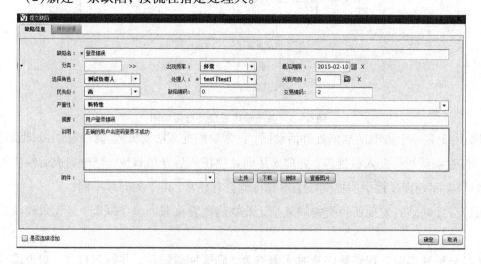

图 6-5　TestCenter 新建缺陷

（3）处理人查看缺陷处理任务。

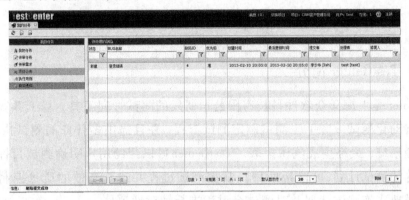

图 6 - 6　TestCenter 查看缺陷处理任务

（4）进入缺陷详情界面处理缺陷，处理完成后，指定下一个处理人。直到最后缺陷关闭。

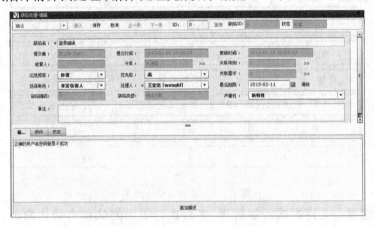

图 6 - 7　TestCenter 处理缺陷

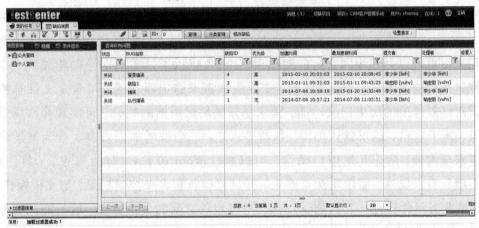

图 6 - 8　TestCenter 缺陷处理完成

⊙6.4 测试管理工具 TestCenter

6.4.1 TestCenter 简介

TestCenter 是上海泽众软件科技有限公司研发的测试管理工具，基于 B/S 体系结构，可以通过自动化测试或者手工测试制定测试流程，并且提供多任务的测试执行，以及缺陷跟踪管理系统，最终生成测试报表。TestCenter 可以帮助用户明确测试目标、测试需求并建立完善的测试计划；可以帮助用户掌控测试过程并建立有效的质量控制点；可以帮助用户严谨地实施测试计划并对测试全过程进行针对性评估。

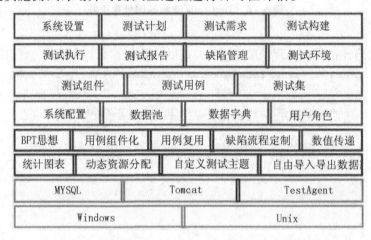

图 6-9 TestCenter 组成

测试计划管理。支持测试计划管理、多次执行手工测试和自动化测试；测试需求范围定义、测试集定义；数据模版的导入和导出。

测试需求管理。支持测试需求管理、支持测试需求树，树的每个节点是一个具体的需求，也可以定义子节点作为子需求。每个需求节点都可以关联到一个或者多个测试用例。根据需求可以创建相同名称的测试用例组；也可以通过需求向导创建关联一个或者多个测试用例的测试集。系统（前台）实现测试需求筛选器功能，可自定义筛选测试需求。需求场景修改的历史记录功能，需求场景是测试用例的集合，可实现修改场景的历史记录，便于追溯。需求默认加锁，新增需求之后，会被增加人修改。改为增加之后自动给需求项加锁，防止其他用户操作。可以通过 Word 和 Excel 导入需求。（前台）需求管理新增负责人属性，需求增加负责人，并且根据负责人来控制权限，防止误操作。

测试业务组件管理。支持测试用例与业务组件之间的关系管理，通过测试业务组件和数据"搭建"测试用例，实现了测试用例的高度可配置和可维护性。主要是添加自动测试执行时所需要的脚本（通过 AutoRunner 或者 Tar 测试工具录制），同时也支持测试人员根据需求编写不同的脚本。

测试用例管理。测试用例允许建立测试主题，通过测试主题来过滤测试用例的范围，实现有效的测试。主要是搭建测试用例跟业务组件之间的关联关系，以及组件与组件之间的依赖关系。可以为手工测试设计详细测试用例。并可以对测试用例进行复制、剪切以及粘贴，从而为客户的使用提供了方便。（前台）测试用例导入附件，支持测试用例压缩包导入，测试用例支持附件，并且支持通过 rar 等压缩包来一次导入多个 excel 文件。（前台）测试用例筛选器，可自定义筛选，完善了测试用例筛选器。（前台）手工用例执行树形结构分配显示方式，在手工执行模块，用例为树形结构，支持批量选择树上的测试用例来分配给具体的执行人。

测试集管理。通过测试用例和数据"搭建"测试集，实现了测试集的高度可配置和可维护性。主要是搭建测试用例跟测试集之间的关联关系，以及用例跟用例之间的依赖关系。可以通过运行测试集来执行自动化测试并显示运行日志。导入、导出数据模版可以查看、修改当前测试集中包含的所有测试用例的详细信息。并可以对测试集进行复制、剪切以及粘贴，从而为客户的使用提供了方便。

用户角色管理。主要功能是：添加、删除、修改角色信息，并且可以模拟实际场景中的不同角色（主要体现在自动运行中），当角色绑定用例后，系统会根据不同的角色查找并执行不同的用例。

系统设置管理。用户管理（添加、删除用户），项目管理（查看 TestCenter 中包含的所有项目以及项目详细信息），自定义字段管理（添加自定义字段后体现在缺陷管理中），系统权限管理（为不同的角色设置不同的权限），邮件配置（配置邮件发送服务器，在缺陷管理中修改缺陷的状态，就可以通过自动发送邮件的形式发送给相关人员），登录历史（记录用户登录和退出系统的信息）。

测试执行管理。支持测试自动执行（通过调用测试工具）；支持手工执行（手工操作的方式执行用例，来验证需求。错误时可以直接提交 bug）。在测试计划发起手工测试成功后会显示在"手工测试"标签页中（测试计划中包含测试集，测试集中必须包含用例），点击运行名称进入详细信息界面首先分配角色（给相关测试人员）并执行测试用例，执行测试用例失败后提交 bug 到缺陷管理中。所有用例执行结束后会自动转移到手工日志中。

测试结果日志察看。具有截取屏幕的日志查看功能。

测试结果分析。支持多种统计图表，比如需求覆盖率图、测试用例完成的比例分析图、业务组件覆盖比例图、缺陷严重性图、缺陷所在功能模块图等。显示每次运行的手工测试和自动化测试的用例运行图和需求运行图，在自动测试日志中会显示自动运行失败时的错误截图，测试对比报告中可以根据需求生成每次运行的对比图。

缺陷管理。支持从测试错误到曲线的自动添加与手工添加；支持自定义错误状态、自定义工作流的缺陷管理过程。报告提交测试人员发现的 bug 并可以使用过滤器和添加搜索条件的方式查询所需要的 bug。显示当前所有提交 Bug 的状态(待确认、已分配、已完成等),同时统计报表中可以统计当前所有不同状态 bug 的数量以及所在模块的分布图。

缺陷属性定制。增加属性所属角色功能,完善了缺陷属性自定义,并且使缺陷属性某些角色可以编辑或者可见。

数据字典。新增数据字典模块,提供属性值的自定义功能,新增数据字典管理,控制属性的自定义。

项目群管理。项目群管理功能,用户登录后项目选择及切换功能,通过项目群,实现多个项目的集成化管理和多项目数据统计分析。

报表管理。(前台)报表管理功能,支持报表自定义,支持 word 格式的自定义报表模版,并且生成 word 格式的灵活自定义报表。

6.4.2 TestCenter 安装

TestCenter 安装配置要求如表 6-1。

表 6-1　　　　　　　　　TestCenter 安装配置要求

CPU	2.4GHz
内存	2G
运行环境	JDK1.6 以上
硬盘	5G
操作系统	WindowsXP/Windows2000/Windows2003/Windows2008 server/Windows vista/Windows7/Windows8
Web 服务器软件	Tomcat
数据库	Mysql

(1)安装 JDK1.6 或 1.6 以上版本。

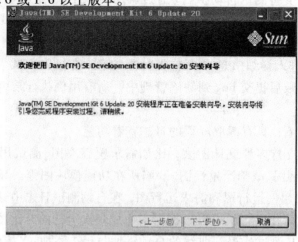

图 6-10　JDK 安装向导

（2）选择默认的安装路径。

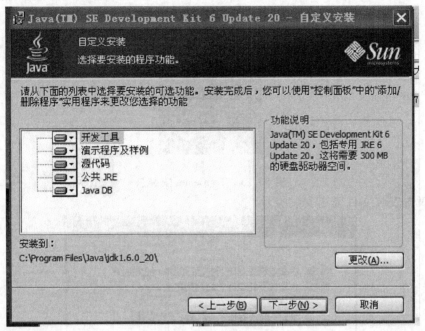

图 6 – 11　JDK 默认安装路径

（3）完成 JDK 安装。

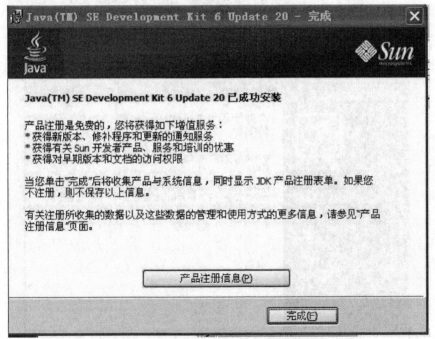

图 6 – 12　完成 JDK 安装

（4）开始安装 TestCenter。找到安装文件。

图 6 – 13　TestCenter 安装包

（5）双击安装文件弹出安装提示。

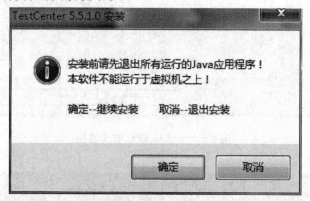

图 6 – 14　TestCenter 安装提示

（6）点击"确定"进入 TestCenter 安装向导。

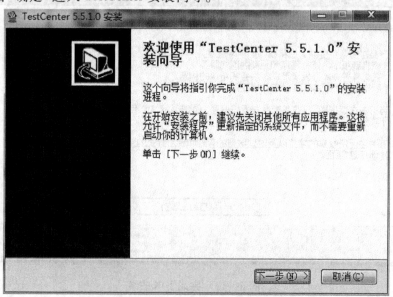

图 6 – 15　TestCenter 安装向导

（7）点击"下一步"进入安装协议查看。

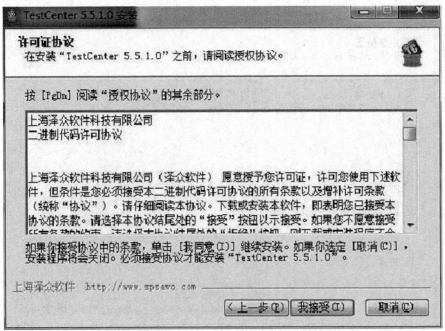

图 6 - 16　TestCenter 安装协议

（8）点击"接受"，进入安装组件选择界面。

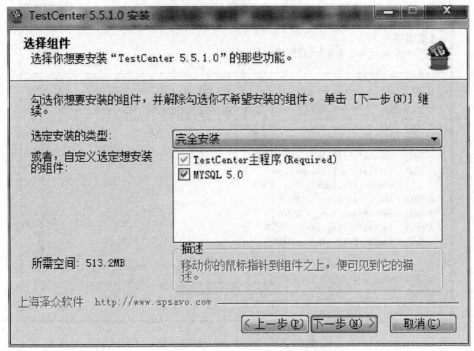

图 6 - 17　TestCenter 安装组件选择

（9）点击"下一步"，选择安装位置。

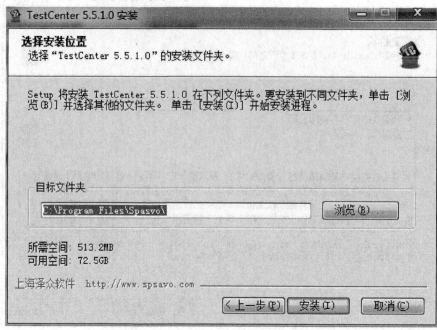

图 6－18　TestCenter 安装位置选择

（10）选择完安装位置后点击"安装"，进入安装过程。

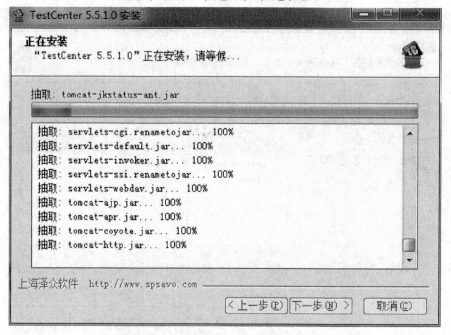

图 6－19　TestCenter 安装过程

（11）完成安装后点击"完成"即完成安装，可开始使用。

图6－20　TestCenter安装完成

（12）安装完成后会在桌面生成TestCenter服务启动快捷方式图标和界面启快捷方式图标。

图6－21　TestCenter快捷方式图标

6.4.3 TestCenter使用流程

（1）进入后台新增系统用户。

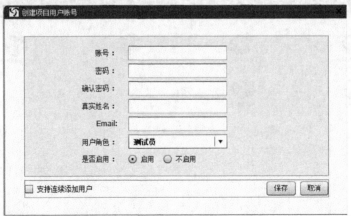

图6－23　TestCenter新增系统用户

(2)在后台新增项目。

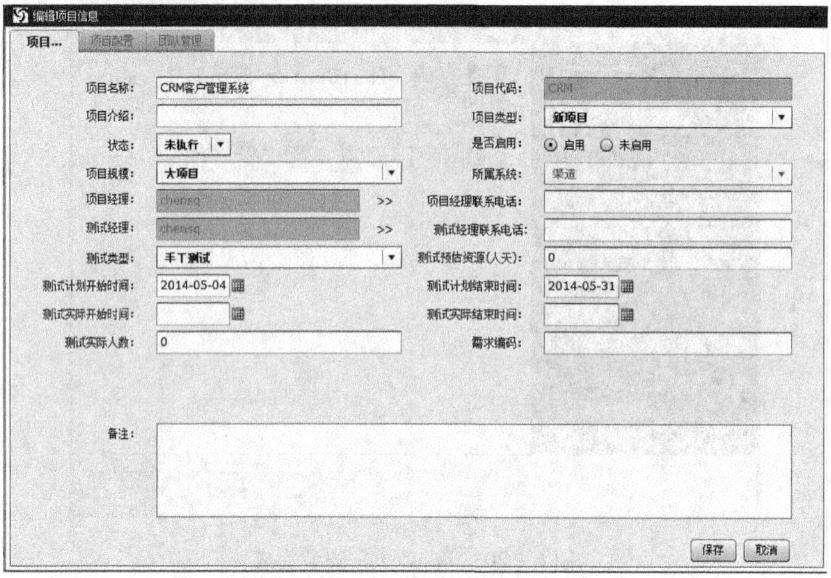

图 6 - 24 TestCenter 新增项目

(3)打开前台界面登录。

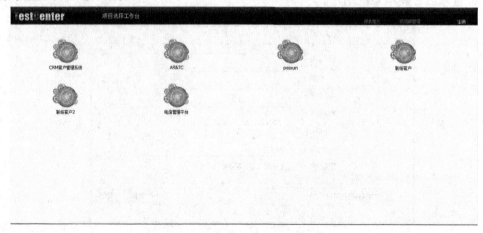

图 6 - 25 TestCenter 前台登录界面

(5)选择项目进入系统。

图 6 - 26 TestCenter 项目选择界面

（6）进入项目首页。

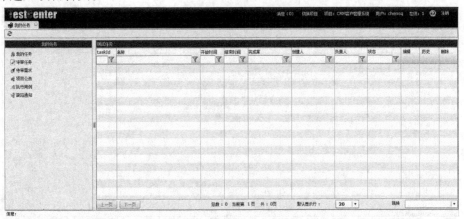

图6-27 TestCenter 项目首页

（7）新建项目需求。

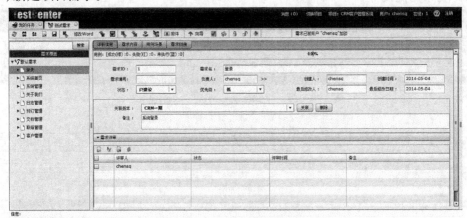

图6-28 TestCenter 新建项目需求

（8）新建需求场景。

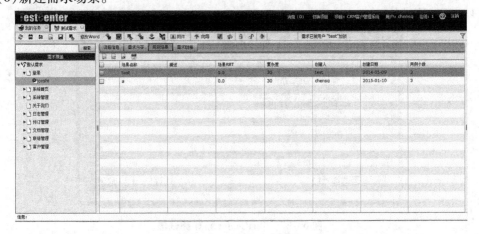

图6-29 TestCenter 新建需求场景

（9）设计场景步骤、数据项。

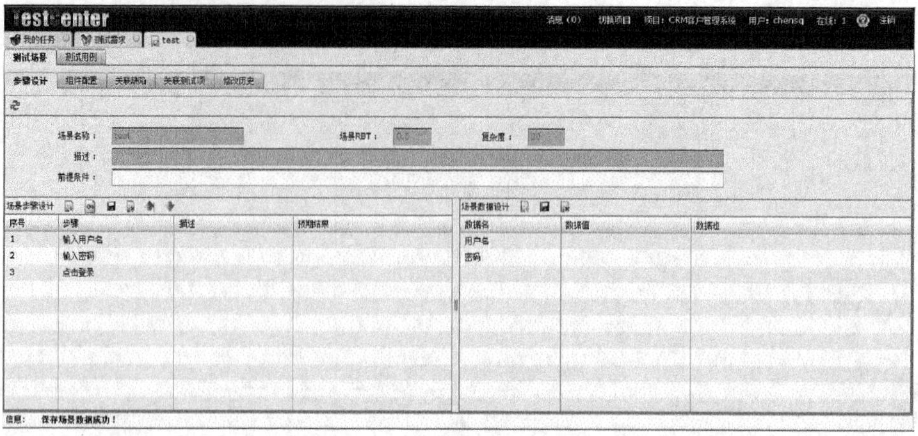

图 6 - 30　TestCenter 场景设计

（10）场景用例设计。

图 6 - 31　TestCenter 场景用例设计

（11）新建测试集。

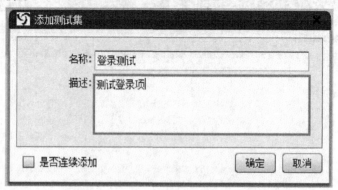

图 6 - 32　TestCenter 新建测试集

（12）测试集添加测试用例。

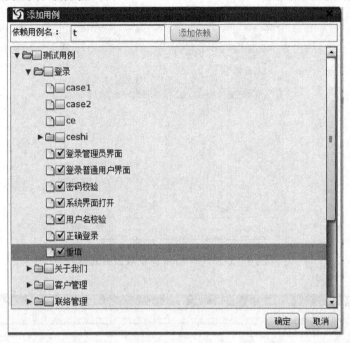

图6-33　TestCenter测试集添加测试用例

（13）新建测试计划。

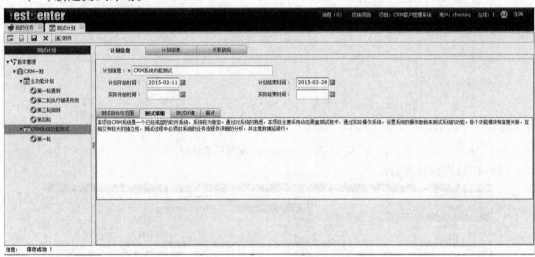

图6-34　TestCenter新建测试计划

（14）测试轮次添加测试集。

图 6 – 35　TestCenter 轮次添加测试集

（15）发起手工执行。

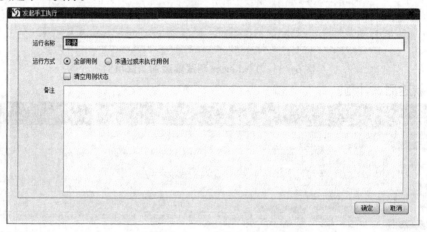

图 6 – 36　TestCenter 发起手工执行

（16）执行用例任务分配。

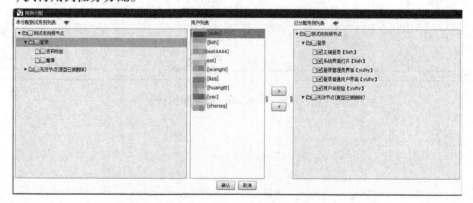

图 6 – 37　TestCenter 用例执行任务分配

（17）查看用例执行任务。

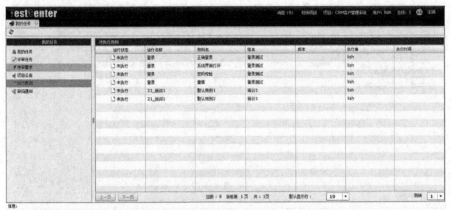

图 6 – 38　TestCenter 任务查看

（18）用例执行。

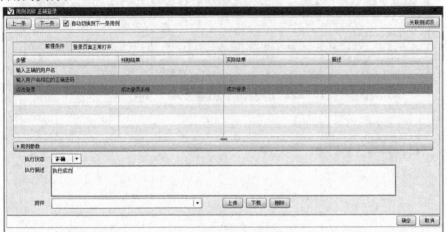

图 6 – 39　TestCenter 用例执行

（19）提交缺陷。

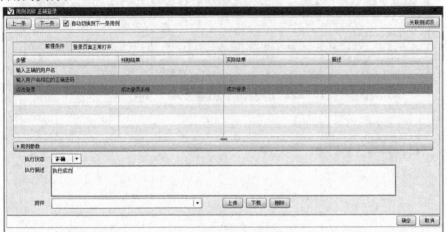

图 6 – 40　TestCenter 提交缺陷

（20）缺陷通知查看。

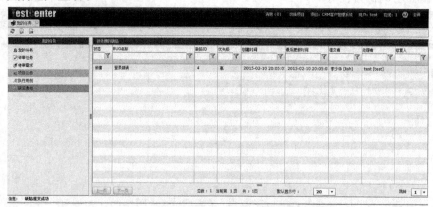

图 6 - 41　TestCenter 缺陷通知查看

（21）缺陷处理。

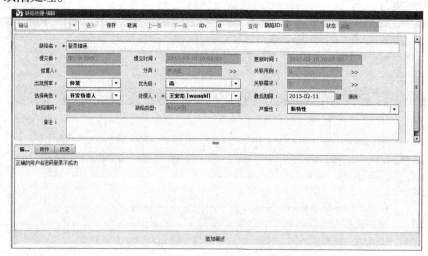

图 6 - 42　TestCenter 处理缺陷

（22）缺陷处理完成。

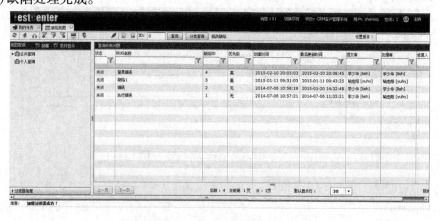

图 6 - 43　TestCenter 缺陷处理完成

（23）cycle 测试报告查看。

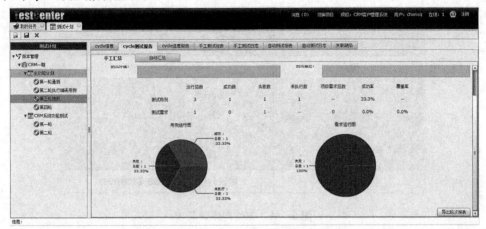

图6-44 TestCenter 的 cycle 测试报告

（24）手工测试报告。

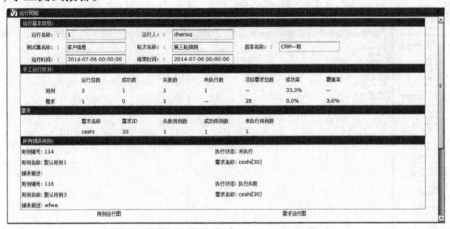

图6-45 TestCenter 手工测试报告

⊙6.5 TestCenter 测试管理实践

实验一 宠物网案例搭建。

实验目的和要求：

（1）安装配置 mysql 数据库。

（2）安装配置 Navicat_for_MySQL。

（3）能够根据帮助文档配置数据库。

（4）熟悉安装过程，能够运行宠物网。

实验过程：

（1）宠物网安装配置要求。

CPU	300MHZ
内存	128M
硬盘	1G
操作系统	WindowsXP/windows7
浏览器	IE6.0以上
显示器分辨率	建议分辨率1024*768或1280*768

图 6-46 宠物网配置要求

（2）新建数据库 petshop 并导入数据库文件。

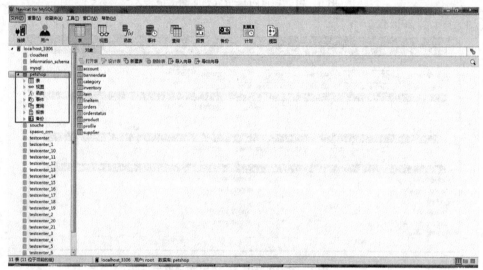

图 6-47 宠物网数据库

（3）启动宠物网服务。

图 6-48 宠物网服务图标

打开浏览器输入 http://localhost:8088/PetShop 访问。

拓展思考：

（1）安装之前配置注意事项。

（2）安装失败原因分析。

实验二　TestCenter 测试团队组建及立项。

实验目的和要求：

（1）掌握后台登录方法。

（2）掌握创建用户方法。

（3）掌握创建项目方法。

（4）掌握前台登录方法。

（5）掌握权限配置方法。

（6）掌握团队建设方法。

实验过程：

TestCenter 后台网址为 http：//localhost：8080/TestLab/Admin. html，若从其他客户端访问服务器则把 localhost 更换为服务器的 IP。

TestCenter 系统可直接添加用户，在后台建立人力资源库。也可以从外部通过 Excel 表格将用户数据批量导入。

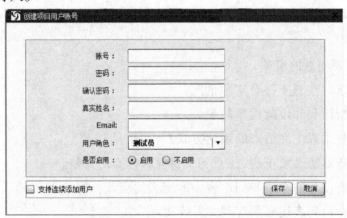

图 6 - 49　TestCenter 添加系统用户

后台可直接创建新项目，也可通过模板创建新项目。

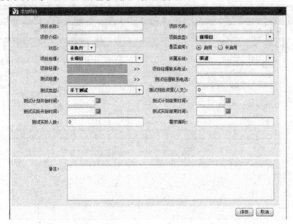

图 6 - 50　TestCenter 创建项目

TestCenter新项目必须先导入项目角色权限，为每一个项目角色配置相应的功能模块操作权限。系统用户加入到项目中的角色不局限于用户的默认角色，一个用户在一个项目里是测试员的角色，在另一个项目中可能是测试负责人的角色。

拓展思考：

（1）如何批量导入 TestCenter 系统用户？

（2）尝试使用项目模板创建新项目。

（3）如何将一个项目角色为测试员更改为测试负责人？

实验三　宠物网需求分析及 TestCenter 需求管理。

实验目的和要求：

（1）理解本次实验理论。

（2）熟悉本次实验需求。

（3）认真独立完成本次需求需求分析。

（4）熟悉 TestCenter 需求管理。

实验过程：

需求分析需要注意的事项：

（1）编写需求时注意要符合实际情况。

（2）需求分析语句和段落尽量简短。

（3）需求分析采取主动语态的表达方式。

（4）需求分析语法必须正确、注意句子拼写和标点的完整。

（5）需求分析使用的术语与词汇表中所定义的应该一致。

（6）需求分析语句表述必须客观，无歧义。

TestCenter 需求管理可以将需求建成一个需求树，进行清晰的管理。每个需求都有明确的需求属性项。

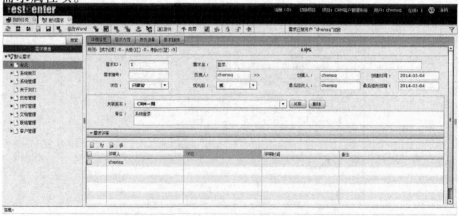

图 6-51　TestCenter 需求管理

拓展思考：

（1）拿出一个功能模块需求分析结果进行评审，分析需求中可能出现的问题。

（2）通过 TestCenter 管理起来的需求其他人员是否能进行更改？

实验四　TestCenter 测试计划管理。

实验目的和要求：

（1）掌握测试计划编写规范。

（2）熟悉测试计划编写要点。

（3）熟悉 TestCenter 测试计划管理。

实验过程：

测试计划一般包含的内容：测试计划标识符、项目介绍、测试项、需要测试的功能、不需要测试的功能、测试策略、测试通过/失败的标准、测试中断和恢复标准、测试环境、测试完成需提交资料、测试人力资源、测试进度表、项目风险。

TestCenter 中对测试计划分为三级管理，测试版本、测试计划、测试轮次。

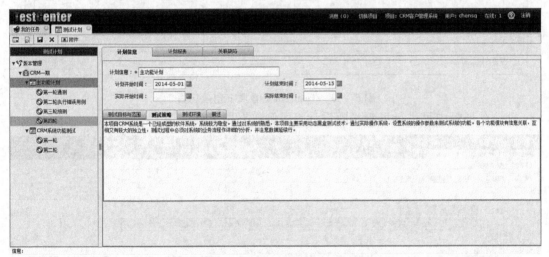

图 6 - 52　TestCenter 测试计划管理

拓展思考：

（1）测试计划标识符是怎么产生的？

（2）测试策略如何选择？

（3）TestCenter 中分三级管理测试计划的依据是什么？

实验五　TestCenter 场景设计用例。

实验目的和要求：

（1）理解本次实验理论。

（2）熟悉本次实验需求。

（3）认真分析独立完成场景及用例设计。

（4）熟悉用例设计的要点。

实验过程：

用例设计是软件测试的核心部分，不同的软件产品，用例设计的方法会有很大差别。任何用例都不能脱离用例执行时所处的场景。TestCenter 中在需求下可以划分不同的需求场景，通过场景可实现批量设计用例。

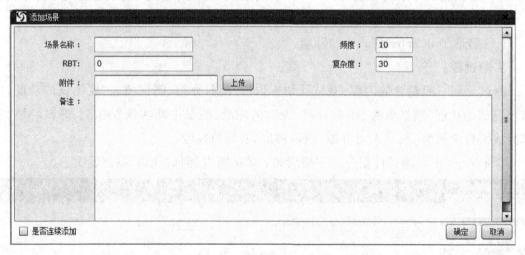

图 6 - 53　TestCenter 需求下创建场景

在场景中可进行场景步骤设计，用例数据项设计。

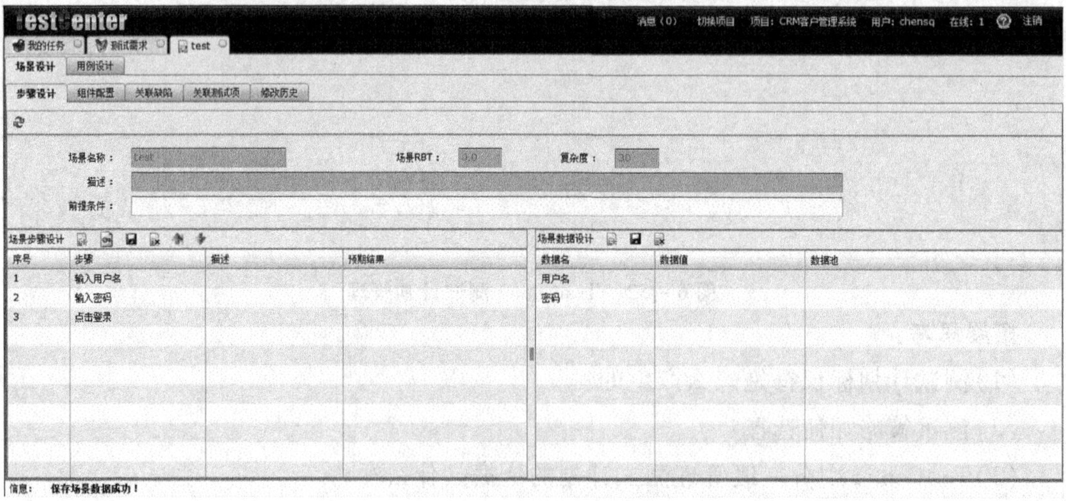

图 6 - 54　TestCenter 场景设计

通过场景设计用例时，只需设计用例数据，再将场景步骤导入后即可成为一条完整的用例。

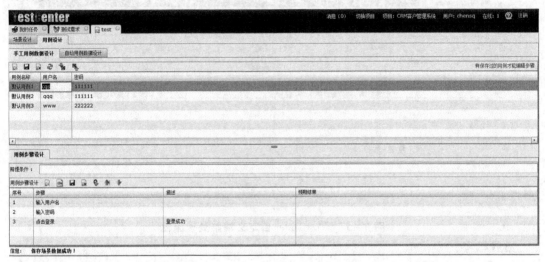

图 6-55　TestCenter 场景用例设计

拓展思考：

（1）场景的划分依据是什么？

（2）场景下设计的测试用例有什么特点？

实验六　TestCenter 缺陷流程定制。

实验目的和要求：

（1）理解本次实验理论。

（2）熟悉本次实验需求。

（3）熟悉缺陷处理流程。

（4）熟悉缺陷定制过程缺陷状态转移衔接。

实验过程：

在实际缺陷处理时，不同的项目组织缺陷处理流程不同，小测试团队的处理流程会简化过程环节，大测试团队的处理流程会有更多的过程环节。正常的缺陷处理流程如下：

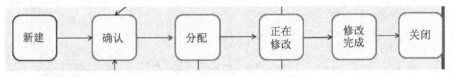

图 6-56　正常缺陷处理流程

TestCenter 可根据实际项目情况自定义缺陷处理流程。

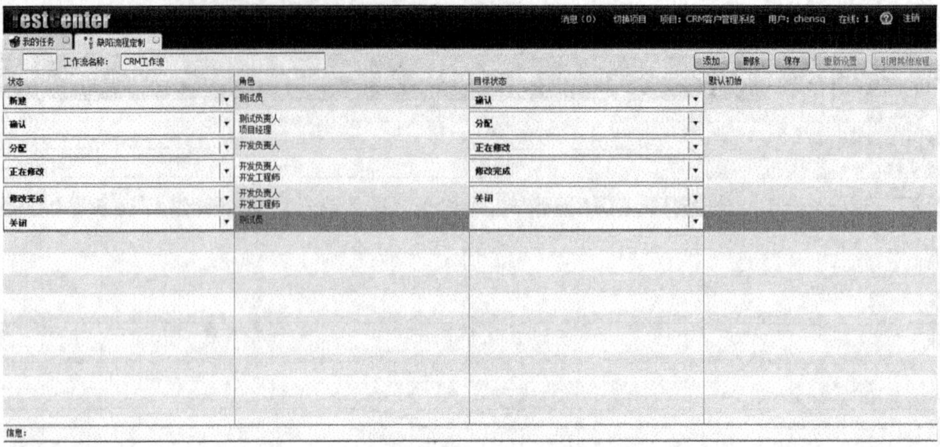

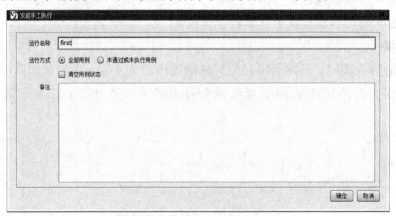

图 6 – 57　TestCenter 自定义缺陷处理流程

拓展思考：

（1）复杂缺陷处理流程图应该是什么样？

（2）如果有缺陷需要推迟，缺陷流程应该怎么定义？

实验七　测试集发起执行分配用例。

实验目的和要求：

（1）理解本次实验理论。

（2）熟悉本次实验需求。

（3）熟悉发起测试集执行的方法。

（4）熟悉用例分配执行方法。

实验过程：

测试集添加到计划轮次后即可发起执行，发起执行有不同的方法。

图 6 – 58　TestCenter 发起手工执行

发起手工执行后即可在手工执行菜单中找到运行名称对测试集中的用例进行分配。

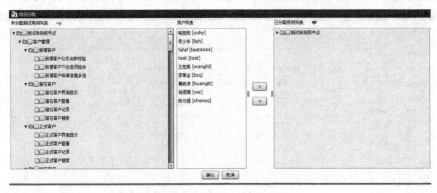

图 6 – 59 TestCenter 用例分配

拓展思考：

（1）发起手工执行共有几种方法？请把每种方法都试一次。

（2）用例不能给哪些成员？为什么？

实验八 执行用例提交缺陷。

实验目的和要求：

（1）理解本次实验理论。

（2）熟悉本次实验需求。

（3）熟悉执行用例的方法。

（4）熟悉提交用例的方法。

（5）熟悉缺陷处理流程。

实验过程：

项目成员接收到用例执行的任务后即可开始执行用例，TestCenter 可以管理用例执行过程。

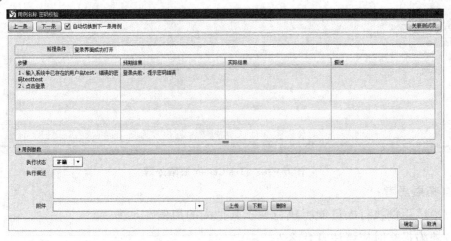

图 6 – 60 TestCenter 用例执行管理

用例执行过程中产生的缺陷需要及时提交，TestCenter 中列处理提交缺陷的要素。

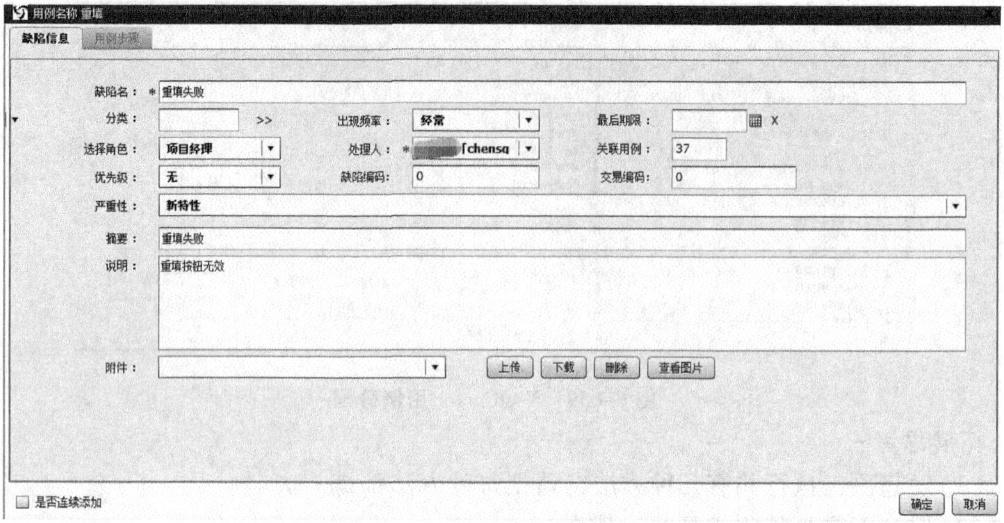

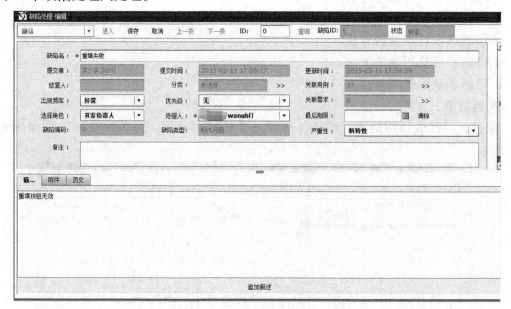

图 6 – 61　TestCenter 缺陷提交

缺陷提交后进入缺陷处理流程，缺陷处理人接到处理通知进入缺陷处理，完成后交给下一个缺陷处理人处理。

图 6 – 62　TestCenter 缺陷处理

拓展思考：

（1）测试用例执行人员能否执行属于其他人的用例？

（2）缺陷提交时应该注意什么？

（3）缺陷处理完成后下一个处理人为空怎么办？

实验九 测试报告查看。

实验目的和要求：

（1）理解本次实验理论。

（2）熟悉本次实验需求。

（3）熟悉测试报告所在菜单。

（4）掌握不同报告的区别。

实验过程：

TestCenter 测试轮次结束后会产生多个报告：cycle 测试报告，cycle 进度报告，手工测试报告，手工测试日志，项目进度报告，项目分析报告等。

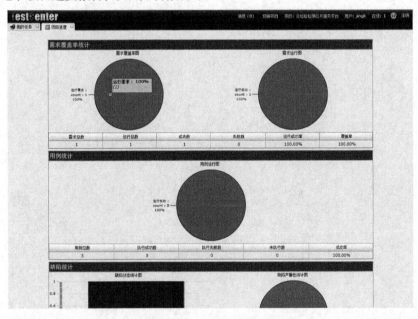

图 6 - 63 项目进度报告

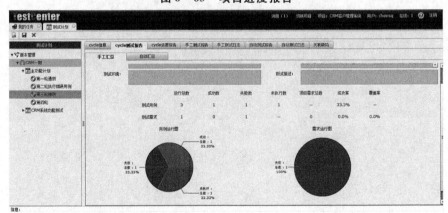

图 6 - 64 cycle 测试报告

拓展思考:

(1)进度报告什么时候可以查看?

(2)为什么有的有时候报告中没有需求分析?

思考题:

1.测试管理的目的是什么?

2.测试项目团队有哪些形式,各有什么特点?

3.配置管理的主要内容有哪些?

4.列举3个典型的缺陷处理流程。

5.TestCenter 测试管理有什么特点?

参考文献

[1]（美），Anthony T. Holdener III,（阿根廷），Mario Andres Pagella 著 秦绪文等译 深入 HTMLS 应用开发 人民邮电出版社 2012.03

[2]（美），Nicholas C. Zakas 著李松峰，曹力译 JavaScript 高级程序设计（第3版）人民邮电出版社 2012.03

[3]（美），David Flanagan 著 淘宝前端团队译 JavaScript 权威指南（第6版）机械工业出版社 2012.04.01

[4]威尔顿，（PaulWilton），麦克匹克，CJeremyMcPeak）著 张敏，高宇辉，王东亚译 JavaScript 入门经典（第4版）清华大学出版社 2011.02

[5]前沿科技 编 精通 CSS＋DIV 网页样式与布局 人民邮电出版社 2007.08.01

[6]温谦 著 HTML 十 CSS 网页设计与布局从入门到精通 人民邮电出版社 2008.08.01

[7]Douglas Crockford 编 赵泽欣 译 JavaScript 语言精粹（丁l务订版）电子工业出版社，2012.09.01

[8]贾瑞晶．软件自动化测试框架的研究与实现．《华东师范大学硕十:论文》2011 年

[9]（印度）Tarun Lalwani 著 赵旭斌，阚勇，韩洪波，何庆丹译 QTP 自动化测试权威指南（第2版）人民邮电出版社 2013.04

[10]（英）格雷，福斯特 著 朱少民，张秋华，赵亚男 译，自动化测试最佳实践，机械工业出版社，2013 年4月

[11]（美）达斯汀，（美）加瑞特，（美）高夫 著 余昭辉 等 译自动化软件测试实施指南机械工业出版社 2010 年04月

[12]朱菊 王志坚 杨雪等 基于数据驱动的软件自动化测试框架《计算机技术与发展》2006 年第5期

[13]接卉 兰雨晴 骆沛著 一种关键字驱动的自动化测试框架 北京航空航天大学软件工程研究所《计算机应用研究》2009 年第3期

[14]邓正宏 高逦 郑玉山著 面向对象自动化测试框架的研究与设计《微电子学与计算机》西北工业大学 2005 年第22期

[15]康凯 唐运韬等著 互联网技术与应用 机械土业出版社 2006 年 8 月

[16]（美）daniel j. mosley,bruce a. posey 著 邓波 黄丽娟 曹青春译 软件测试自动化 机械工业出版社 2003.10

[17]靳鸿著 测试系统设计原理及应用 电子工业出版社 2013 年 6 月

[18]温素剑 著 零成本实现 Web 自动化测试:基于 Selenium 和 Bromine 电子工业出版社 2011.05

[19]（爱尔兰）布朗等 著, 软件测试:原理与实践(英文版). 机械工业出版社. 2012 年

[20]（美）Norman Matloff Peter Jay Salzman 著 软件调试的艺术 人民邮电出版社 2009.11

[21]（美）霍普等著, 傅鑫等译 Web 安全测试 清华大学出版社 2011.03.

[22]程烨 高建华 著 与设训模式相结合的测试驱动开发方法《计算机工程与设计》2006 年第 16 期

[23]（美）donny mack 等著 林琪 张伶 朱涛江译 asp. net 数据驱动 web 开发.中国电力出版社.1998.10.

[24]温尚书 陈石华 万欣著 java web 编程入门与实战 人民邮电出版社 2010.03

[25]吕冰著 web 编程与设计教程 河南大学出版社 2012 年 3 月